湖库富营养化水体
移动式水质净化系统开发与应用

林　莉　李青云　王振华　等　著

科学出版社
北京

内 容 简 介

当前，我国多数湖库存在不同程度的富营养化，氮磷等营养物质超标，甚至暴发水华，严重威胁到水生生态系统健康和供水安全，因此有必要研发高效经济的原位治理新技术及新装备，对湖库富营养化水体进行净化和修复。本书针对湖库相对封闭、水体更新交换慢等特点，通过理论分析、模拟实验、技术优化、装备研发与示范应用等手段，构建可原位削减富营养化湖库水体氮磷和抑制藻类过快增殖的移动式水质净化系统，对系统搭载的微孔曝气、高性能吸附、微电流电解、碳纤维净化等水处理技术单元进行优化，探索关键技术单元间的协同净化作用，研发移动式水质净化系统成套装备，并在典型湖库水域开展技术应用示范，取得了较好的社会生态效益。

本书可供环境、水利、水生态及市政等有关专业的技术人员及研究生阅读。

图书在版编目（CIP）数据

湖库富营养化水体移动式水质净化系统开发与应用/林莉等著.—北京：科学出版社，2023.4
ISBN 978-7-03-073953-7

Ⅰ.① 湖…　Ⅱ.① 林…　Ⅲ.① 水体-富营养化-水质处理　Ⅳ.① X52

中国版本图书馆 CIP 数据核字（2022）第 224026 号

责任编辑：何　念　张　慧/责任校对：高　嵘
责任印制：赵　博/封面设计：无极书装

科学出版社 出版
北京东黄城根北街 16 号
邮政编码：100717
http://www.sciencep.com

中煤（北京）印务有限公司印刷
科学出版社发行　各地新华书店经销
*

开本：787×1092　1/16
2023 年 4 月第 一 版　印张：12 1/4
2024 年 3 月第二次印刷　字数：288 000
定价：98.00 元
（如有印装质量问题，我社负责调换）

前 言 Foreword

湖库富营养化及其诱发的藻类水华是当前我国水安全保障和水生态文明建设面临的重大挑战之一。随着河湖长制与美丽幸福河湖建设不断推进，持续加强湖库富营养化控制与生态环境复苏，对维护水生生态系统健康和保障供水安全具有重要意义。围绕富营养化水体营养盐削减及控藻需求，研发高效经济的原位治理技术及装备，科学支撑湖库水体净化修复，是当前我国生态水利领域的研究重点和难点。

本书主要依托科技部科研院所技术开发研究专项资金项目（2012EG136134）、国家自然科学基金青年科学基金项目（51309019）、水利部水利技术示范项目（SF-201602、SF-PX-201601）等项目的开展，以湖库富营养化水体为研究对象，以原位削减水体氮磷和抑制藻类过快增殖为目标，通过理论分析、模拟实验、技术优化、装备研发与示范应用等手段，集成微孔曝气、高性能吸附、微电流电解、碳纤维净化等水处理技术单元，研发湖库富营养化水体移动式水质净化系统及成套装备，实现关键技术单元对水体氮磷和藻类的协同高效处理。湖库富营养化水体移动式水质净化系统具有高适应性、模块化组合、全天候运行等特点，具有较好的应用前景。

本书内容共9章，具体写作分工如下：第1章由林莉、李青云、金海洋、董磊、冯雪、李欢撰写；第2章由林莉、李青云、张为撰写；第3章由赵良元、张为、余婵撰写；第4章由吴敏、金海洋、孙婷婷撰写；第5章由林莉、董磊撰写；第6章由龙萌、王振华撰写；第7章由赵良元、余婵、张雨婷、张为撰写；第8章由董磊、龙萌、王振华、李青云撰写；第9章由龙萌、董磊、王振华撰写。全书由李青云负责总体思路设计与技术指导，由林莉、王振华、李欢统稿，汤显强对本书内容进行技术指导。

由于本书内容涉及水利、环境、生态和管理等多个学科，加之作者对一些领域的研究和认识水平有限，书中不妥之处在所难免，敬请广大读者批评指正。

作　者

2022 年 5 月

目 录 Contents

第 1 章

绪　　论

　　我国多数湖泊和水库存在不同程度的水体富营养化问题，氮磷营养物质超标严重会导致藻类暴发，产生水华，对水生生态系统健康造成严重威胁，这已成为制约我国经济社会可持续发展和影响国家水安全的重大"瓶颈"问题。湖库水体更新速度缓慢，一旦遭受污染，极难通过自净能力将污染物降至可接受的水平，而且湖库富营养化问题成因复杂，污染物种类多，通过单一技术难以有效解决。在当前水生态文明建设的新形势下，亟需研发高效经济的湖库污染物原位治理新技术和新装备。

　　本章概述我国湖库富营养现状及带来的问题、富营养化污染物去除技术和富营养化水体原位治理技术，基于已有技术的不足构建多技术协同的移动式水质净化思路，分析移动式水质净化技术的难点，提出本书的成果结构及逻辑关系。

1.1 湖库富营养化现状及带来的问题

湖泊是地球上重要的淡水蓄积库，与人类的生产、生活密切相关，具有重要的社会、生态功能。水库是防洪广泛采用的工程措施之一，可起到拦洪蓄水、调节水流、灌溉、供水、发电、养鱼等作用。随着社会发展，人民生活水平不断提高，越来越多的含有氮磷等营养物质的污水被排放到受纳水体中，使湖库呈现出不同程度的水体富营养化。湖泊和水库作为我国重要的饮用水水源地，面临着水体污染、水资源短缺和水生态破坏严重等一系列水环境问题，水体富营养化问题尤为突出。近年来我国的湖库治理已取得一些进展，但成效并不显著，尤其是藻类水华的暴发强度与频次仍然很高，进一步的治理仍面临着巨大的挑战（刘永 等，2021）。

1.1.1 现状

水体富营养化是全球共同面临的挑战，自 20 世纪 90 年代以来，拉丁美洲、非洲和亚洲超过 50% 的河流出现病原菌（如粪大肠菌等）污染和有机污染加剧的现象，有近 33% 的河流出现盐度污染加剧的现象（Gordon et al., 2016）。美国国家环境保护局数据显示，在美国超过 35% 的湖泊氮含量超标、超过 40% 的湖泊磷含量超标，有 10% 的湖泊被划分为贫营养型、35% 为中营养型、34% 为富营养型、21% 为超富营养型，超过 40% 的河流、小溪呈富营养状态（USEPA, 2016）。

我国湖库众多，常年水面面积在 1 km² 以上的湖泊共 2 865 个，总水域面积 7.89×10⁴ km²，包括 1 594 个淡水湖、945 个咸水湖、166 个盐湖、160 个其他类型湖泊（王敏 等，2022）。根据《2020 中国生态环境状况公报》，2020 年开展水质监测的 112 个重要湖泊（水库）中，I～III 类水质的湖泊（水库）占 76.8%，劣 V 类水质的湖泊占 5.4%，主要污染指标为总磷、化学需氧量和高锰酸盐指数；开展营养状态监测的 110 个重要湖泊（水库）中，贫营养状态占 9.1%，中营养状态占 61.8%，轻度富营养状态占 23.6%，中度富营养状态占 4.5%，重度富营养状态占 0.9%。其中：太湖和巢湖为轻度污染、轻度富营养状态；滇池为轻度污染、中度富营养状态；丹江口水库和洱海水质为优、中度富营养状态；白洋淀为轻度污染、轻度富营养状态。

1.1.2 问题

湖库水体富营养化会导致藻类暴发，严重影响水体的可用性，破坏水生生态系统平衡，甚至危害人类健康。近年来滇池、太湖、巢湖等大型湖库蓝藻水华暴发事件时有发生，给社会生产、人民生活造成重大影响。例如，2007 年夏季，太湖发生了严重的蓝藻水华，造成了整个无锡市市民的饮水困难，在国内外产生了巨大的影响（Guo, 2007）。

湖库富营养化带来的严重问题包括：破坏水生生态系统、威胁饮用水供水安全、影响水产养殖业和旅游业。

1. 破坏水生生态系统

富营养化是导致水生生态系统退化的主要因素，水体富营养化导致生物多样性减少，生态系统的结构与功能严重退化。水体中营养盐达到一定阈值时，往往会导致浮游藻类的异常增殖，从而引起"水华"，使得水体透明度下降，抑制沉水植物的生长；浮游藻类死亡又消耗大量的氧气，会导致包括鱼类在内的大量水生动物因缺氧而死亡；浮游藻类大量生长还会引起湖水 pH 上升，促进沉积物营养盐的释放；一些浮游藻类如铜绿微囊藻还会产生微囊藻毒素（microcystins，MCs），对其他生物的生存及人类的健康产生威胁。随着富营养化水平提高，滤食性鱼类密度往往增加，而肉食性鱼类数量往往会减少，当滤食性鱼类增多时会使浮游动物捕食的压力增大，导致浮游动物尤其是大个体的浮游动物密度降低，从而引起浮游动物对浮游藻类的牧食压力降低，导致浮游藻类密度继续增加，水体进一步恶化（Jeppesen et al.，2000；Persson et al.，1991）。

2. 威胁饮用水供水安全

富营养化水体发生藻类水华时，会给当地自来水厂带来一系列负面影响。过量的藻类会堵塞自来水厂过滤池，降低过滤效率，需要改善和增加过滤措施，从而增加净水成本（Alum et al.，2008）。同时，水华会消耗水中的溶解氧（dissolved oxygen，DO），富营养化水体往往由于缺氧而产生硫化氢、甲烷和氨气等有毒有害物质，而某些藻类也分泌一些藻毒素，在制水过程中引起饮用水水质下降，增加了水处理的技术难度。此外，水华水体富含铁，会在水管中形成铁锈，产生所谓"红水"，使自来水功能丧失（Alum et al.，2008）。微囊藻是湖泊、水库、池塘等富营养化水体中最常见的水华蓝藻，也是微囊藻毒素的主要生产者（Massey et al.，2018）。微囊藻毒素是一类具有生物活性的环状七肽化合物，结构中存在环状结构和间隔双键，因而具有较高的稳定性，不易被降解（Bouaicha et al.，2019）。到目前为止，已有 200 多种 MCs 异构体被鉴定出来（张孝进 等，2021）。MCs 进入生物体后会靶向攻击肝细胞，通过抑制蛋白磷酸酶的活性，诱发肝细胞坏死（Buratti et al.，2017）。西方国家已经禁止将富营养化水体作为饮用水源（Wilson et al.，2006）。

3. 影响水产养殖业和旅游业

在富营养化水体中，水生生物的群落、种类结构发生变化，一些耐污种的个体数猛增。相反，一些非耐污种数量减少甚至消失，一些经济水产种类（如优质鱼类）也会大量减少甚至消失，而低劣种类会有所增加，使得水产养殖的经济效益大幅下降（Read et al.，2003）。同时，水体一旦发生富营养化，因藻类大量繁殖，水体透明度下降，水质浑浊，水面藻类聚集，臭味弥漫，严重影响湖库的旅游观光，丧失旅游价值。云南滇池曾是水质恶化、自然景观遭到破坏的典型实例（冯宁 等，2010）。

1.2 湖库富营养化治理技术

富营养化湖库水体中的主要污染物包括氮磷营养盐及藻类。对于氮磷营养盐治理，现有技术主要针对氨氮和总磷，两者均为《地表水环境质量标准》（GB 3838—2002）中的基本项目，是湖库水体水质评价的重要指标。本节概述富营养化水体氨氮、总磷和藻类的去除技术及富营养化水体原位治理技术。

1.2.1 富营养化污染物去除技术

1. 氨氮去除技术

氨氮是水环境中氮的主要形态之一，是导致水体富营养化的重要物质之一，当氨氮质量浓度超过 0.2 mg/L 会对水生生物产生毒害作用（李伊晗 等，2021）。氨氮容易引起水体中藻类及大量微生物加速繁殖，给自来水处理带来困难，造成饮用水中存在异味。氨氮在硝化细菌的作用下，氨氧化为硝酸盐及亚硝酸盐，若饮用水中存在大量的硝酸盐，会诱发婴儿的高铁血红蛋白血症，而亚硝酸盐经过水解后所生成的亚硝胺，具有较强的致癌性，严重威胁着人类的身体健康（李宏 等，2013）。目前，去除氨氮的方法主要有物理法、化学法、生物法等。

1）物理法

（1）沸石吸附。沸石是一种价廉且丰富易得的多孔性矿物材料。沸石去除氨氮主要是利用沸石对阳离子的选择交换能力。沸石粉具有比颗粒沸石更多的外表面积，因此对 NH_4^+ 具有更多的吸附和交换点位。氨氮初始质量浓度为 2.5 mg/L，当沸石粉投加量在 2.0 g/L 时，沸石粉对氨氮的去除率超过 50%；沸石粉投加量低于 1.0 g/L 时，氨氮去除率不足 20%，且投加沸石粉法很难将水中氨氮质量浓度降低到 0.5 mg/L（Ⅱ 类水限值）以下（郑涵 等，2013），因此该方法较适用于景观水体、非生活饮用水源的湖泊水库中氨氮的去除。

（2）沸石和水化硅酸钙混合滤柱吸附。水化硅酸钙是一种具有强除磷能力的晶种。研究选用粒径为 3～5 cm 的水化硅酸钙颗粒和天然沸石，磷酸盐初始质量浓度为 0.13～0.15 mg/L，氨氮初始质量浓度为 2.0～2.5 mg/L，设置滤速为 0.7 m/d、1.4 m/d、4.2 m/d、16.8 m/d。研究结果表明：单一的水化硅酸钙填充滤柱对磷酸盐有良好的吸附作用，而且抗负荷变化能力较强，但对氨氮的去除能力十分有限；单一沸石填充滤柱对磷酸盐吸附效果良好，且比较稳定，但明显低于含有水化硅酸钙的滤柱对磷酸盐的去除率；沸石和水化硅酸钙比例为 1∶1 的混合滤柱对氨氮和磷酸盐去除效果最好，磷酸盐最高去除率可达 98.46%，氨氮去除率最高可达 82.43%（董阳 等，2012）。该方法可用于富营养化水体、生活饮用水源地等微污染水体中氮磷的去除。

（3）曝气复氧技术。曝气复氧技术是一种快速、高效、简便易行的污染水体治理技术，适合于湖泊、河流、城市景观水体的异位生态净化、原位循环生态净化、水体驱动和增氧（李玲 等，2009）。曝气复氧既可以有效去除水体中的黑臭物质、改善水质，又可以提高水体中的溶解氧含量，强化水体的自净功能，促进水体生态系统的恢复（徐续 等，2006）。德国梅塞尔（MESSER）集团开发的微气泡纯氧曝气技术，将微孔曝气和纯氧曝气的优点结合起来，广泛应用于污染河流的曝气复氧，由于设备简单可靠、不产生噪声和对流态不形成扰动等优点，适合于具有旅游景观功能的市区河道的治理（凌晖 等，1999）。

2）化学法

（1）电化学氧化法。电化学氧化法净水是由电氧化法与化学氧化法共同完成，该方法能使水中的污染物生成不溶于水的沉淀物，或生成气体从水中逸出，从而使废水得以净化，具有环保、效率高、二次污染少等优点。该方法在净水厂使用较多，如自来水厂、污水处理厂。电化学氧化过程中，氨氮去除率与氨氮的初始浓度无关；随着电流密度的增大，氨氮去除率和能耗增加；高 Cl 浓度或中性条件有利于氨氮的去除（曾次元 等，2006）。

（2）折点氯化法。折点氯化法是将氯气或次氯酸钠通入污水中，将废水中的氨氮氧化成氮气的化学脱氮工艺。当氯气通入水中达到某一点时，水中游离氯含量最低，氨的浓度降为零，当氯气通入量超过该点时，水中的游离氯就会增多，该点称为折点，该状态下的氯化称为折点氯化（黄海明 等，2008）。该方法处理后的水在排放前一般需要用活性炭或二氧化硫进行反氯化，以去除水中残留的氯。该方法的处理效率达 90%～100%，处理效果稳定，不受水温影响；其缺点在于运行费用高，副产物氯胺和氯化有机物可能会造成二次污染（黄军 等，2013）。

3）生物法

（1）生物滤池法。曝气生物滤池法是一种集过滤、生物吸附、生物氧化于一体的新型水处理技术，较多用于工业废水、城市污水处理，该方法处理效果受温度、pH 等因素的影响（张敏 等，2011），较少用于湖泊水库的氮磷去除。

（2）硝化反硝化法。硝化反硝化脱氮是通过微生物参与一系列反应使得氨氮在反应过程中被氧化降解成氮气从而去除。反应过程中首先进行氨化反应：在氧气较为充足的环境下，通过氨化细菌的作用，氨氮通过部分有机物氧化而成；之后在厌氧条件下通过亚硝酸细菌的作用将氨氮转化为亚硝态氮；再进行硝化反应，在充足的氧气环境中通过硝化细菌的作用，亚硝态氮被转化为硝态氮；最后进行反硝化反应，硝态氮在缺氧的环境中，在反硝化细菌的作用下被转化为氮气排出（Fdz-Polanco et al.，1994）。目前硝化反硝化原理应用比较多的工艺有氧化沟、缺氧好氧（anaerobic oxic，AO）、序批式活性污泥法（sequencing batch reactor activated sludge process，SBR）等。

（3）碳纤维净化技术。碳纤维（carbon fiber，CF）净水产品具有较高的比表面积和电解性能，可以吸附、分解水中污染物，同时可以为各类微生物、藻类提供良好的着生条件，在碳纤维上形成具有净化功能的"生物膜"和活性污泥团，促进污染物的降解，对氮磷等污染物均有很好的去除效果。示范研究表明，用碳纤维净水产品处理东湖水 4 天，水质总磷、总氮、高锰酸盐指数、氨氮等指标从劣 V 类降为 II 类。该方法可用于富营养化水体、生活饮用水水源地等微污染水体中氮磷的去除，且效果较好（李兰 等，2013）。

2. 总磷去除技术

磷是导致水体富营养化的重要污染物之一。水体中藻类的繁殖速度与磷含量有密切的关系，为此控磷就成了缓解水质富营养化的首选措施之一（付瑶 等，2021）。水体中的磷主要来源于内源性磷和外源性磷，内源性磷主要是底泥中的磷，它在一定条件下可以向水体释放；外源性磷有点源和非点源两大类，点源包括生活污水和工业废水，非点源则包括地表径流、降雨、降雪、地下水及养殖和动物排泄粪便等。通常各种外界来源水体中磷的贡献率由高到低依次为：农业排水、生活污水、工业排水。近年来，我国对含磷废水的处理主要集中在中高浓度含磷废水的研究，且多为异位处理，较有效的去除技术主要有物理法、化学法、生态修复法等。

1）物理法

（1）电凝聚法。电凝聚法是在外电压作用下，利用可溶性阳极产生大量阳离子，对污水进行凝聚沉淀。通常选用铁或铝作为阳极材料，将电极置于被处理的水中，通以直流电，此时金属阳极发生氧化反应，产生的铝离子在水中水解、聚合，生成一系列多核水解产物而起凝聚作用，同时，在电凝聚器阴极上产生的新生态的氢，其还原能力很强，可与被处理水体中的污染物发生还原反应。此法的优点还在于除磷的同时，可以降低水体中氨氮含量、化学需氧量（chemical oxygen demand，COD）和生化需氧量（biochemical oxygen demand，BOD）；主要缺点在于沉淀生成量及电极材料消耗量较大，运行费用较高（孟锋 等，2020）。

（2）吸附法。吸附法在水处理领域得到了广泛应用，根据吸附作用机理的不同，可将吸附作用分为三种：物理吸附、电吸附和生物吸附。其中物理吸附种类及形式较多，最具代表性的为活性炭吸附，目前活性炭吸附已经广泛应用于污水常规处理及污水深度再生处理等方面，锁磷剂等产品广泛应用于天然水体除磷处理。电吸附依靠其对离子吸附去除作用而主要被应用于脱盐、苦咸水处理、有害重金属离子去除等方面。生物吸附技术作为一种高效、廉价、吸附速度快、便于储存及易于分离回收重金属的废水处理工艺而受到人们的关注。目前对水体中总磷较有效的吸附方法有水化硅酸钙/沸石吸附、活性氧化铝吸附等。

水化硅酸钙具有较强除磷能力，当设置滤速为 0.7 m/d、1.4 m/d、4.2 m/d、16.8 m/d，磷酸盐质量浓度为 0.13～0.15 mg/L 时，水化硅酸钙对磷酸盐的最低去除率为 73.33%，最高去除率为 95.38%。沸石和水化硅酸钙比例为 1:1 的混合滤柱对氨氮和磷酸盐去除效果最好，该方法适用于富营养化水体、生活饮用水水源地等微污染水体中氮磷的去除。

活性氧化铝是一种比表面积大、吸附性能好、强度与化学稳定性好、热稳定性较好的固体吸附剂（王挺 等，2009）。研究表明，用活性氧化铝对溶解性总磷（dissolved total phosphorus，DTP）质量浓度为 0.05 mg/L 的模拟水样进行处理，在 pH 为 7、滤速为 8 m/h、连续过滤时间为 3 h 条件下，活性氧化铝对 DTP 的平均去除率为 82.19%（王俊岭 等，2007）。该方法适用于富营养化水体、生活饮用水水源地等微污染水体中磷的去除。

2）化学法

化学法（本书主要指凝聚沉淀法）是采用最早、使用最广泛的一种除磷方法，其原理是将易溶于水的某些金属盐投入水中，金属离子与磷反应生成一种难溶性盐，以此除去水中的磷。该方法主要是通过调整 pH，控制金属离子与磷的浓度比来形成最稳定的难溶性金属磷盐，以达到除磷效果。掌握与控制好各种沉淀剂的最佳 pH 是决定除磷效果的关键。目前，使用最多的沉淀剂是钙盐、铝盐和铁盐。化学法除磷具有方法简单、见效快、适用范围广等特点，在污水处理厂的应用比较广泛，但在自然环境下化学处理产生的废渣是一个重要问题，化学试剂与磷酸根离子等反应产生的残渣极难回收，产生的大量污泥会造成二次污染（林蕴霞，2014）。

3）生态修复法

生态修复法具有可原位净化水质，同时也可以恢复水体中的水生生态结构、运行成本低、增加水体自净能力的特点，包括生物膜法、微生物制剂法、人工浮岛法、人工湿地法等。

生物膜法是使微生物群体附着于某些载体表面上，通过将生物膜与污水接触，促进微生物达到降解污染物的目的，生物膜法对于受有机物及氨氮轻度污染水体有明显的效果。微生物除磷的稳定性和灵活性较差，易受碳源、pH 等因素的影响，且该方法对设备条件要求较高，适用于设备条件满足的净水厂，如自来水厂、污水处理厂等，不适用于自然水体的原位治理（闫海啸，2010）。

微生物制剂法以酶促反应为基础，通过生物体内产生的具有催化功能的特殊蛋白质作为催化剂，净化污水、分解淤泥、消除恶臭。微生物制剂法主要技术优点在于能够迅速提高污染介质中的微生物浓度，并可在短期内提高污染物的生物降解速率；其缺点是要保持良好水体改善效果，需根据水体变化情况，不断投加生物制剂。活性污泥法属于微生物除磷的一种，具有以下优点：①污泥产量少且污泥不易膨胀，沉降性能好；②污泥易脱水、肥效高；③在除磷的同时可以去除氮和有机物。活性污泥法较适用于设备条件满足的净水厂，如自来水厂、污水处理厂等，不适用于景观水体、湖泊水库（叶欣 等，2021）。

人工浮岛法是在水体中栽培植物，水生植物根系可以吸收水体中的氮磷等物质，贮存于植物细胞中，并通过木质化作用，使其成为植物体的组成部分（卓燕 等，2010），同时，植物根系附着菌可以促进污染物降解。研究结果表明，菖蒲、香蒲、鸢尾能够显著改善富营养化水体水质，对总氮的平均去除率达到69%以上，对总磷的平均去除率达到70%以上。一般而言，植物对磷的吸收与植物自身磷含量有一定的关系，植物自身磷含量越高对磷的亲和力越强，吸收磷的能力也就越强（徐秀玲 等，2012）。但该方法周期较长，且要求温度多在 20 ℃以上，除磷效果受植物的生物量、水体富营养化程度等因素影响较大，水体富营养化程度过高时，会抑制植物生长，进而影响植物对磷的去除能力。

人工湿地法广泛应用于水体的异位生态修复、处理生活废水和养殖废水、蓄积和净化暴雨径流等方面。人工湿地法在控制面源污染、恢复和重建河流湖泊湿地、原位净化受污染的河湖等方面都取得了一定进展。但人工湿地基质内部的根系很难去除，这些根系在腐烂后又成为新的氮源、磷源，降低了湿地的处理效果。目前人工湿地技术占地面积大，设计运行参数不精确，生物和水力复杂性及对重要工艺动力学理解的缺乏，易受病虫害影响，缺乏长期运行系统的详细资料等是重要的待解决问题。虽然人工湿地处理氮磷效果较好，但属于异位处理，需要将污染水体抽到岸上的人工湿地中进行处理，一方面增加了人力物力，处理成本提高；另一方面污染水体在人工湿地中需要有较长的水力停留时间才可以处理完全，所需周期较长，不适合用于湖库水体中污染修复。

3. 藻类去除技术

藻类繁殖会对湖库水体的浊度、pH、溶解氧等指标造成影响，藻类代谢产生的藻毒素、致嗅物质等对人体健康不利，且对饮用水处理工艺带来极大挑战。藻细胞难以被常规处理工艺去除，且藻类有机物比天然有机物中含有更多有机氮，容易生成毒性更强的含氮消毒副产物，威胁饮用水供水安全。目前的除藻技术有：物理除藻技术、化学除藻技术、生物控藻技术等。

1）物理除藻技术

物理除藻技术主要利用物理方法将藻类从水体中分离，从而达到控制水华的目的。常见的物理除藻法有直接打捞法、机械过滤法、超声波除藻法等。

（1）直接打捞法。人工和机械打捞是最直接的除藻手段，国内很多湖泊在蓝藻暴发季节都会组织打捞，以降低湖面藻细胞密度，打捞除藻同时除去了湖泊的部分营养负荷。但是湖面巨大，条件适宜的时候藻类会不断生长，打捞耗费人力财力巨大，而且打捞出来的藻的堆存和后续处理，以及打捞作业人员的安全问题都未得到很好的解决，因此，打捞只是一种权宜之计。对局部岸边角落里堆积的藻类，打捞法可以见到瞬时局部效果，有时在大规模除藻行动的开始阶段或除藻前的准备阶段,适当捞藻清理水面也是必要的。但这种原始的简易办法只能作为一种次要的前期辅助手段，无法成为一种独立的除藻方法。

（2）机械过滤法。机械过滤法适用于在藻类繁殖早期，藻细胞密度较低时使用。机械过滤法通常采用微滤的方式，去除直径大于微滤孔径的藻类、蚤类和浮游植物。这种方法处理量较小，适合景观水体或水厂取水预处理。

（3）超声波除藻法。超声波除藻技术是针对富营养化水体中的藻污染问题，利用机械力和空化效应产生的冲击波、高温高压、射流等，对藻细胞结构和功能及生物活性进行破坏（迟巍 等，2012）。丁旸等（2009）在太湖的现场试验中，将载有超声除藻装置的试验船放置在 400 m² 试验区域中作用 1 h 后，水体表层的藻细胞密度由 $1.0×10^7$ 个/mL 降到 $1.0×10^5$ 个/mL，水体透明度由 0 cm 上升为 35 cm，同时叶绿素 a 质量浓度降低为初始质量浓度的 3.3%，表明超声波的直接作用能使太湖水质得到明显改善。

2）化学除藻技术

化学除藻技术采用天然矿物质或化学药剂杀灭藻细胞或者使藻细胞絮凝沉降，从而达到去除藻类的目的。包括光催化氧化除藻、除藻剂除藻、臭氧除藻、微电流电解抑藻等。

（1）光催化氧化除藻。光化学及光催化氧化法是目前研究较多的一种高级氧化技术。光催化反应是在光的作用下进行的化学反应，需要分子吸收特定波长的电磁辐射。受激产生分子激发态，然后会发生化学反应生成新的物质，或者变成引发热反应的中间化学产物。光化学反应的活化能来源于光子的能量，在太阳能的利用中光电转化及光化学转化一直是十分活跃的研究领域。目前，光催化氧化除藻主要限于实验室规模的研究（于化江，2016）。

（2）除藻剂除藻。直接向水体中投加除藻剂杀死藻类生物，是一种工艺简单、操作方便的有效方法。常用的除藻剂有硫酸铜、高锰酸盐、液氯、二氧化氯、臭氧、过氧化氢等，其中硫酸铜最为常用。投加硫酸铜溶液的效果比投加固体硫酸铜的效果好，硫酸铜溶液可以用船向湖面均匀喷洒。在含藻量为 1.56×10^7 个/L 的供水水源现场使用硫酸铜溶液除藻，按 $0.5 \sim 1.0$ mg/L 的硫酸铜投加，除藻率为 $70.0\% \sim 90.0\%$，水中残留铜离子质量浓度仅为 0.346 mg/L，小于《地表水环境质量标准》（GB 3838—2002）Ⅱ类至Ⅴ类、城市供水水质标准（CJ/T 206—2005）、《生活饮用水卫生标准》（GB 5749—2022）的铜离子限值（杨文进 等，2012）。除藻剂除藻法虽然能迅速杀死藻类，立竿见影，但加入的化学药剂本身也造成了二次污染，对其他水生生物同样存在毒性，即使在短期内没有影响，也可能在水生生物体内富集、残留而形成远期的潜在危害。久而久之，水中会出现耐药性的藻类，灭藻剂的效能会逐渐下降，导致投药的间隔会越来越短，而投加的量会越来越多，灭藻剂的品种也要频繁地更换，对环境的污染也在不断地增加，而且被杀死的藻类仍存留于水中，并未从根本上解决污染源的问题。

（3）臭氧除藻。臭氧是一种强氧化剂，具有很强的杀藻和氧化去除部分有机物的能力，不产生二次污染等优点（赵爽 等，2009）。藻细胞密度对臭氧除藻效果影响较大，随着细胞密度增大，除藻效果急剧下降，当初始藻细胞密度为 1.0×10^7 个/L，臭氧投加量为 2.0 mg/L，作用时间为 40 min 以上时，在饮用水消毒的浊度、温度、pH 范围内，铜绿微囊藻的灭活率在 99.0% 以上（汪小雄 等，2012）。

（4）微电流电解抑藻。微电流电解技术是一项环境友好型的水处理技术，其主要是采用微小电流（一般低于 20 mA/cm^2）对水体进行微电流电解，电极的直接氧化作用、电场的电击穿作用及电极上产生的一系列半衰期较长的活性物质（如活性氧、活性氯等）可在水体中游离扩散并赋予水体持续抑藻的能力，并且对水中其他组分和水生生物的影响小，不会造成二次污染，是一种环境友好的藻类抑制技术（林莉 等，2015a）。

3）生物控藻技术

生物控藻技术主要根据生态平衡原理，利用生物之间的竞争和捕食等作用抑制藻类生长，目前正处于研究发展阶段。主要包括微生物溶藻法、水生植物抑藻法、水生动物捕食法及几种方式复合生物抑藻方法等（张忠祥 等，2019）。

（1）微生物溶藻法。微生物溶藻法是指利用溶藻菌抑制藻类生长，甚至利用其溶解杀死藻细胞的特性控制藻类水华的方法。微生物溶藻法具有繁殖快、效率高和寄主特异性等特点，被认为是最具前途的控藻方法之一。国内外已分离得到大量对不同藻种具有抑制效果的溶藻菌。溶藻菌溶藻方式分为两类：一种是以目标藻种作为碳源进行新陈代谢从而直接溶藻；另一种是通过分泌的代谢产物干扰藻类的正常生理活动，从而间接抑制藻类生长繁殖。

（2）水生植物抑藻法。大型水生植物和藻类都是通过光合作用将无机物合成为有机物，进行自身的生长繁殖。该方法利用水生植物分泌抑制藻类生长的化感物质、以与藻类竞争光照和水中氮磷等无机营养物质的方式，有效抑制藻类暴发。目前已知的抑藻植物包括芦苇、凤眼莲、浮萍等。

（3）水生动物捕食法。水生动物捕食法是指通过水生动物的捕食作用控制藻类数量。大多数藻类是水生动物的食物来源，能够以藻类为食的水生动物主要包括原生动物、后生动物、滤食性贝类和鱼类等。其中罗非鱼、鲢和鳙等大型滤食性鱼类可大量吞食藻类，能有效控制藻类暴发。

（4）复合生物抑藻法。复合生物抑藻法是对多种生物抑藻方式进行组合，提高控制蓝藻水华的效果。生态浮岛技术是一种典型的复合生物抑藻法，通过设置固定支架，在浮岛上构建水生生物体系，种植水生抑藻植物，并在支架上附着填料以增加浮岛的微生物、原生动物、浮游植物的含量并保护其不被大型鱼类吞食，从而达到强化抑藻的效果。

1.2.2 湖库富营养化水体原位治理技术

湖库水域水面较大，污水处理厂的传统抽水处理方式，以及在水体中安装固定曝气探头等定点处理方式已无法满足大面积水域处理的要求。目前针对湖库富营养化水体治理多采用原位治理技术，其中：针对氮磷营养盐的原位治理技术主要有水生植被恢复技术、移动曝气技术、生物浮岛技术；针对藻类的原位治理技术主要有超声除藻技术、水动力控藻技术和微电流电解抑藻技术。

1. 氮磷营养盐原位治理技术

1）水生植被恢复技术

水生植被主要包括浮水、沉水、挺水植物，水生植被通过与浮游植物竞争水体中的营养盐并释放化感物质，可有效控制浮游植物的生长。其中沉水植物恢复是较为常见的水生植被恢复技术，往往有选择地人工引进耐受性较高的先锋物种，如夏季利用凤眼莲，冬季利用耐寒型伊乐藻，它们在净化水质、维持水质理化性质稳定和提高透明度等方面作用显著（吴芳 等，2010）。

2）移动曝气技术

移动式曝气船是目前国内最常见的一种移动式水质净化设备，通过曝气富氧能够提高水体和底泥的含氧量，是针对湖库富营养化水体的移动式原位水质净化的有效技术手段，如2010年我国自主研发基于"半浸桨高速空泡"技术的太湖巡查曝气船；2020年我国研发了基于"纳米曝气"技术的曝气船。移动式曝气船对于水处理作用显著，但仅搭载曝气装置，其作用较为单一，难以满足水体长效处理的实际工程需求。

3）生物浮岛技术

生物浮岛技术是将陆生喜水植物移植到浮床上栽培，在植物生长过程中，植物不仅吸收水中富含的氮磷等物质，还能抑制藻类生长，从而达到净化水质的目的（吴芳 等，2010）。生物浮岛技术的关建是选取能有效去除水体氮磷的经济植物，如夏季有水竹、蕹菜等，冬季有黑麦草、苜蓿等（王玲，2021）。但人工浮岛技术中植物生长周期长，处理过程缓慢，且受光照、水温、气候条件等环境因素影响非常严重。换水也可以作为湖库水污染治理的一种应急处置技术，优点在于周期短、见效快，但换水成本高，在实际应用中也受到多种因素制约。

2. 藻类原位治理技术

1）超声波除藻技术

超声除藻船是一种适用于湖泊、水库、饮用水水源地等天然水体的藻类治理设备，可用于藻类水华的预防性处理和应急性处理等不同场景。依据超声参数的不同，超声除藻船的处理能力为 5 000～13 000 m^2/h。因其能耗大、成本较高，目前针对野外的研究较少（钱丹 等，2018）。

2）水动力控藻技术

水动力控藻船是利用机械混流方式，对下层水体充氧以提高水体溶解氧浓度，同时通过深潜层交换破坏水体上下分层的同温层，破坏藻类的生存环境，混合上下水层破坏藻类的悬浮状态，使之向下层迁移，从而抑制其生长。目前该技术主要适用于预防浅水区的藻类暴发（陈江 等，2013）。

3）微电流电解抑藻技术

微电流电解抑藻设备主要通过微小电流（低于 20 mA/cm^2）的微电解作用，在水中产生一系列半衰期较长的活性物质（如 H_2O_2 和 O_3 等活性氧，以及 $HClO$ 和 ClO^- 等活性氯），可有效抑制水体中藻类的生长，从而达到控藻的目的，具有较好的生态环境效益和社会效益（林莉 等，2015a）。

1.3 移动式水质净化技术难点及选择

湖库具有水体流动性和交换能力较差的特点，湖库富营养化水体中的污染物质难以扩散、降解和净化，而且污染物种类较多，通过单一技术难以有效去除，治理难度较大。移动式水质净化技术用于湖库富营养化治理具有较大的发展前景，但现有的移动式水质净化技术功能单一，难以有效解决问题，亟需开发多技术协同的移动式水质净化系统，将多种物理化学处理技术进行有机组合并进行系统集成，针对水体中不同污染物种类选择不同的技术单元组合，通过各技术单元的协同作用，对污染物取得更佳的处理效果。

1.3.1 移动式水质净化技术难点

移动式水质净化技术主要包括以下4个难点。

（1）技术选择。现有的水处理技术多针对污水处理厂等工业企业的高浓度废水，这类技术对于高浓度废水的处理在较短时间内可达到较好的效果，效率较高。但湖库水体中典型污染物通常浓度不高，采用现有的水处理技术对湖库水体污染物进行治理，成本较高。若采用移动平台对湖库水体中的中低浓度污染物进行治理，可缩短处理时间，且处理的机动性较好。如何选择适用于中低浓度污染物治理的水处理技术，并有效搭载到移动平台上，是移动平台设计的难点之一。

（2）技术参数优化。不同的水处理技术在实际应用中需进行参数优化，确定最佳技术参数，从而确保其发挥最佳的处理效果。例如微孔曝气技术的曝气范围、曝气时间和曝气强度等；吸附技术的吸附时间、吸附剂用量及使用寿命等；微电流电解技术的电极材料、电解时间、电流密度等；碳纤维生物膜技术的碳纤维材料、用量、布设间距等。水处理技术搭载到移动平台上，如何确定各项技术在移动处理过程中的最佳技术参数，是移动平台设计的难点之一。

（3）技术组合协同作用。湖库水体的污染种类较多，水体中通常含有不同类别的污染物，而现有的单一曝气、化学药剂处理等技术通常只能处理某一种或某一类污染物，具有很大的局限性。针对湖库水体中存在的多种污染物指标，可以通过移动平台上搭载的多种水处理单元进行同时治理去除，而不是只针对单一污染物。因此，针对不同种类的污染物，如何对各种水处理单元进行有机组合，使其能够有效地对不同污染类型水域进行治理，是移动平台设计的难点之一。

（4）针对湖库天然水体，如何能够对受污染水体进行治理，且不产生或不残留二次污染，是一个非常重要的研究课题。因此，移动平台上必须选择环境友好型水处理单元，且具有污染物回收处理的装置。

1.3.2 移动式水质净化系统技术选择

湖库富营养化水体移动式水质净化系统可供选择的水处理单元包括微孔曝气、高性能吸附、微电流电解、碳纤维净化等。这些技术大部分都是现有的较为成熟的环境友好型水处理技术，但为了适应移动平台（包括移动速率、移动范围等）和天然湖库水体特征的处理需求，仍需进行一定地改进和突破创新。

1. 曝气复氧技术

曝气复氧技术是一种快速、高效、简便易行的污染水体治理技术，该技术在国外应用已较为成熟，曝气方式一般采用固定式充氧站和移动式充氧平台两种形式。固定式充氧站即是在河道污染段的河岸上设置鼓风机房或液氧站，通过管道将空气或氧气引入受污染水体中，达到增加水中溶解氧、提高微生物活性的目的。移动式曝气船通过载有供氧装置的船只在污染河道中灵活运行向污染水体中供氧。但是目前针对湖库水体的移动式曝气的研究还不多，将曝气技术应用于移动平台，存在的问题包括：①移动曝气的工艺参数尚不明确；②曝气能耗较高，如何有效降低能耗，且获得较好的曝气处理效果，有待进一步研究；③如何提高曝气对微生物的促进作用；④如何将曝气设备与其他水处理技术联合协同去除水体污染物等问题有待进一步研究。将曝气复氧技术应用到移动平台，有望对富营养化水体氮磷的去除取得较好的效果。

2. 环境友好型水处理吸附材料的选择

吸附单元是可应用于移动平台上的重要单元，通过吸附的方式将水体中污染物转移到材料上，再通过材料的吸附处理达到净化水体中污染物的效果。吸附技术应用于移动平台，有几个关键问题：①如何寻找环境友好型水处理吸附材料；②如何选择并改进现有的材料，使其对低浓度污染物也能达到良好的吸附效果；③吸附材料的再生和重复利用。环境友好型水处理吸附材料的制造过程是清洁的，在使用过程中对人体健康和环境没有毒性，不会对环境造成二次污染，新型环境友好型水处理剂是 21 世纪水处理剂的发展方向。已有吸附研究大多是限于实验室探索阶段，或者应用到污染物比较集中和固定的装置中，如自来水厂、污水处理厂的净水设施，待处理的水体污染物浓度初始值较高，所选择的吸附材料主要考虑它的吸附效率，不考虑材料的粒径（往往选择较细的颗粒），容易获得较高的污染物去除率。但是湖库水体中污染物浓度与污水处理厂或者实验研究设置的浓度相比相对较低，且处理的污染物较为分散，因此，选择合适的吸附材料、合适的负载方式并将其应用到移动平台上仍是技术难点。物理吸附法是水处理的主要方法之一，广泛应用于水质净化工程实践中，吸附材料的选择十分重要，不但要考虑吸附材料对污染物的去除效果，还要考虑吸附材料的再生性能，避免对环境造成二次污染。沸石、活性氧化铝、锰砂、陶粒和活性炭是较为常见的吸附材料，在实践过程中重点选择对氮磷吸附量高、吸附速度快、容易再生和性能稳定的吸附材料。

3. 电化学水处理技术

电化学法电解过程无需添加絮凝剂、氧化剂等化学药品，设备占地小，后处理简便，是一种清洁的水处理技术，具有多功能性、高度灵活性、无污染或少污染性、易于控制性等，既可作为单独处理工艺使用，又可以与其他工艺相结合。该技术通常用于工业废水处理中，在天然水体处理中的应用极为少见。湖库水体中电解质浓度较低，采用微电流电解，通过提高电压或者补充一定量的电解质，即可避免电化学体系对生物的影响。现阶段电解法的应用主要受电极材料寿命和能耗两个因素限制，而微电流电解技术能耗低，对环境影响小，对电极材料依赖性相对较小，将其应用于富营养化水体中藻类的抑制和杀灭有望取得良好的效果。

4. 碳纤维净化技术

碳纤维净化技术是湖库富营养水体水质净化的重要技术之一，该技术主要利用碳纤维上的生物膜进行脱氮除磷，降解水体中氮磷等营养盐，从而控制水体富营养化和预防水华。碳纤维是碳纤维净化单元的核心，目前研究表明，挂膜碳纤维对水体中氮磷和 COD 等具有显著净化效果。但目前针对移动式碳纤维净化的研究还较少，将碳纤维净化技术应用于移动平台，碳纤维生物膜水质净化单元可通过平台的移动，与待处理水体接触，从而吸附去除水体中的污染物。

1.4　移动式水质净化核心内容

本书针对湖库富营养化治理目前存在的技术难题，结合湖库治理不可产生二次污染的需求，将基础理论、应用基础研究与湖库水环境治理技术研究相结合，构建一种针对湖库富营养化水体的移动式水质净化系统，研发适用于移动式运行的水质净化核心关键技术（微孔曝气、高性能吸附、微电流电解和碳纤维净化等），探索各项技术的作用机理，研究移动式水质净化单项关键技术的治理效果及多技术协同作用机理。

在此基础上，基于物理（微孔曝气、高性能吸附）、化学（微电流电解）和微生物（碳纤维净化）等关键技术手段，开发了基于湖库富营养化水体快速治理的移动式水质净化系统（I）和维持水生态平衡需求的移动式水质净化系统（II）。开发的移动式水质净化系统在国家重点湖库进行技术示范，可将氮磷污染物带离水体并进行资源化利用，并对藻类生长进行有效抑制，为减缓湖库富营养化提供科学依据和技术支撑。本书总体思路及关键技术问题之间的逻辑关系见图 1.4.1，具体内容包括系统构建框架、关键技术研究、设备研发与应用三方面。

1.4.1　湖库富营养化水体移动式水质净化系统构建

针对我国湖库富营养化水体治理需求，笔者构建了一种可原位治理、技术可优化组合且可智能化控制的富营养化水体移动式水质净化系统，将传统厂房式固定处理转变为"扫地机器人"模式原位移动处理；系统搭载高效水处理单元，并发挥技术间协同作用，实现对氮磷和藻类的精准治理；通过水质在线检测和信息反馈单元实现智能化控制，具有高适应性、模块化组合、太阳能驱动、可全天候运行等特点。

1.4.2　移动式水质净化单项关键技术及多技术协同作用

（1）单项关键技术研究。该研究的主要任务：研究微孔曝气技术对湖库水体氮磷营养盐的去除作用及效率，优选微孔曝气单元的最佳工艺参数和最适作用范围，揭示微

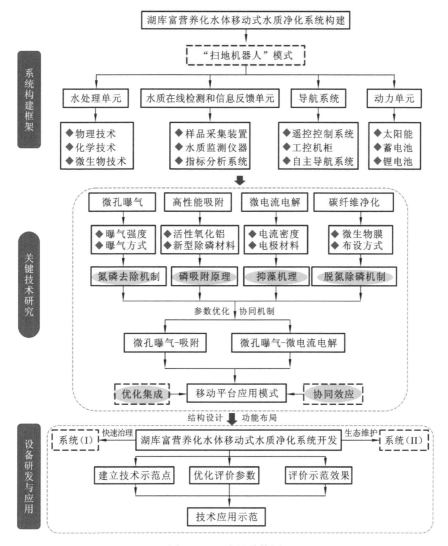

图 1.4.1 成果结构图

孔曝气单元对水体氮磷营养盐的去除机理；研发适用于移动式水质净化系统的高性能吸附材料，优选出活性氧化铝和锰砂作为氮磷高效吸附剂，并以废弃的选铜尾砂和生物炭为原料研发新型的高效除磷材料；研发针对蓝藻水华治理的微电流电解抑藻技术，揭示微电流电解技术的最佳工艺参数及机理；开展人工强化碳纤维净化单元技术研发，探究除氮菌剂对碳纤维挂膜效果的影响，查明挂膜成熟后碳纤维的脱氮性能，明确碳纤维挂膜的最佳技术条件。

（2）多技术协同作用研究。该研究的主要任务：研发微孔曝气-吸附协同一体化处理富营养化水体的机理，探明不同曝气强度和曝气方式协同去除水体氮磷的效果，提出微孔曝气-高性能吸附协同去除水体氮磷的最佳工艺参数，实现微孔曝气-高性能吸附协同高效去除氮磷；研发微孔曝气-微电流电解单元协同除藻的新型气体扩散电极，优化微孔曝气-微电流电解协同去除藻类的最佳工艺参数，揭示气体扩散电极抑藻机理。

1.4.3　湖库富营养化水体移动式水质净化系统开发

根据获得的关键技术参数，优化移动式水质净化系统结构设计及功能布局，针对湖库富营养化水体快速治理及后续水生态平衡维持发展需求，笔者分别开发了基于微孔曝气、高性能吸附和微电流电解为核心单元的移动式水质净化系统（I）和以碳纤维净化技术为核心单元的移动式水质净化系统（II）。在行业主管部门的推动下，笔者研发的移动式水质净化系统已成功应用于武汉市后官湖等富营养化水体治理及水华防治，取得了显著的社会经济效益和生态环境效益。

第 2 章

湖库富营养化水体移动式水质净化系统

本章构建湖库富营养化水体移动式水质净化系统的总体框架，详细介绍该系统的总体组成与各组成部分，并对湖库富营养化水体移动式水质净化系统的运行方式进行详细说明。

2.1 移动式水质净化系统的总体组成

2.1.1 系统结构

湖库富营养化水体移动式水质净化系统的结构如图 2.1.1 所示，系统主要由水处理单元、水质在线检测和信息反馈单元、导航系统及动力单元组成。

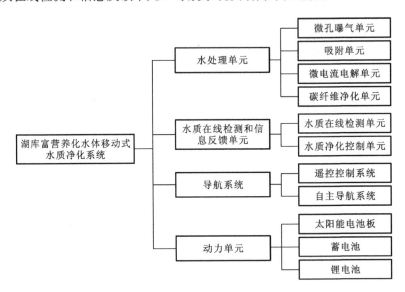

图 2.1.1 湖库富营养化水体移动式水质净化系统结构图

2.1.2 功能单元

1. 水处理单元

水处理单元包括微孔曝气单元、吸附单元、微电流电解单元、碳纤维净化单元。其中，微孔曝气单元利用微孔曝气装置向污染水域水体曝气，可以有效去除水中的 COD、氨氮和总磷等；吸附单元的主要功能是对水中的污染物进行吸附处理；微电流电解单元主要利用微电流电解释放出的活性离子对水体中的有机物进行氧化处理，同时可以有效抑制藻类生长，减少水华的发生；碳纤维净化单元利用碳纤维上生物膜进行脱氮除磷，降解水体中氮磷等营养盐，从而控制水体富营养化和预防水华发生。

2. 水质在线检测和信息反馈单元

水质在线检测和信息反馈系统包含水质在线检测单元和水质净化控制单元。

水质在线检测单元包括样品采集装置、水质检测仪及数据采集卡。其中样品采集装置用于获取稳定的被测湖库水体的水样；水质检测仪用于对装置采集的水样进行水质分析，同时计算水中相应物质的含量；数据采集卡用于对水质检测仪检测出来的物质的含量进行分析，确定水中污染物种类和浓度。

水质净化控制单元的信号输入端与水质在线检测单元中的数据采集卡的信号输出端连接，水质净化控制单元的信号输出端与开关装置的控制端、微孔曝气模块连接。

3. 导航系统

导航系统可以选用遥控控制系统或者自主导航系统。

4. 动力单元

动力单元包括太阳能电池板、蓄电池和锂电池。

5. 系统总体功能

湖库富营养化水体移动式水质净化系统将微孔曝气单元、吸附单元、微电流电解单元、碳纤维净化单元等水处理装置集成设置于可移动漂浮平台上，通过水质在线检测和信息反馈控制单元自动选择相关水质处理装置的启用，可有效解决湖库水体的富营养化及水体中有机污染物污染等问题。

湖库富营养化水体移动式水质净化系统可在水面移动，通过水处理单元与水域水体的直接接触，可将水体污染治理方式由传统的厂房式固定治理转变为原位式移动治理，有效实现对水体氮磷和藻类的精准治理，同时具有高适应性、可模块化组合、智能化操控、清洁能源驱动、全天候运行等特点，适用于大面积地表水域水体；该系统还可用于突发性水污染事件的应急处理，具有相当的灵活性及实用性。

2.2　水处理单元

湖库富营养化水体移动式水质净化系统将多种处理技术（包括微孔曝气、吸附、微电流电解、碳纤维净化等）进行优化组合并集成到可移动平台上，在实际处理过程中，可以根据不同的水质情况和处理目标来选择不同的水质净化技术单元组合。

2.2.1　水处理单元组成及其功能

1. 微孔曝气单元

微孔曝气单元主要利用微孔曝气技术向污染水域中曝气，达到去除水中的 COD、氨氮和总磷的目的。

通过小试试验，找出微孔曝气单位的最佳工艺参数。

2. 吸附单元

吸附单元主要通过吸附的方式对水中污染物进行处理，常用的吸附材料包括活性炭和沸石等。针对湖库水体的污染物类型和浓度来筛选或改良合适的吸附材料，此外还需结合移动平台的移动速率、吸附材料的再生等来优化吸附单元的工艺参数。

通过小试试验优选出价格低廉、吸附效果好、吸附平衡时间短的材料，并研究吸附材料的再生方法。吸附单元通过在移动式水质净化平台上设置多根吸附柱来实现，吸附柱布置在平台下方，伸入水面，通过与水体直接接触来实现对水中的污染物的吸附处理。在吸附单元上配套布设吸附材料的再生装置，实现吸附材料的再生处理和循环使用。

3. 微电流电解单元

微电流电解单元主要利用微电流电解法释放出活性氧和活性氯等活性基团来对水体中的污染物进行氧化处理，产生的活性基团还可以抑制藻类生长，减少水华的发生。

通过小试试验选择适用于湖库水体的微电流电解装置和电极材料，并在移动式水质净化平台上布设微电流电解装置，电解装置采用蓄电池或太阳能电池板供电，电池通过电源线与2个电极相连，电极材料伸入到水面以下，电极的长度不大于0.5 m。

4. 碳纤维净化单元

碳纤维净化单元主要包括碳纤维和不锈钢支架，碳纤维利用不锈钢支架固定于可移动平台上，不同束碳纤维按等间隔布设。碳纤维的材质选取聚丙烯腈基活性碳纤维，碳纤维的构型选取刷子型。碳纤维净化单元的水质净化一方面是利用碳纤维的多孔结构，吸附和拦截水体中悬浮物质，降低水体中颗粒态氮磷等营养盐的浓度，并在其表面形成生物膜；另一方面利用表面生物膜中脱氮除磷微生物的代谢作用（如氨化作用、硝化作用和反硝化作用等），降低水体中溶解态氮磷等营养盐的含量，从而起到脱氮除磷的作用。

2.2.2 水处理单元组合

应用于移动式水质净化系统的水处理单元（微孔曝气、吸附、微电流电解和碳纤维净化）各有优缺点，比如：曝气单元能耗较高；吸附单元中的吸附材料与污染水体需要有一定的相对移动速率才能达到较好的吸附效果；微电流电解过程中产生活性物质有限，且活性物质在水体中迁移速度慢，单纯依靠微电流电解抑藻效果较差；碳纤维净化无能耗、不产生二次污染，但处理效率相对较低。移动平台的特点之一就是能针对不同的污染水体，通过将不同的单元进行组合，集成不同处理单元优势，最终提升移动平台对污染物的处理效果。

常用的组合方式包括：①微孔曝气单元+吸附单元，适用于富营养化水体氮磷治理；②微孔曝气+微电流电解单元，适用于富营养化水体氮磷治理。

2.3　水质在线检测和信息反馈单元

水质在线检测和信息反馈系统主要由水质检测单元和水质净化控制单元两部分组成，可对目标水域进行水质监测，进而确定水域中目标污染物的种类和浓度。基于水域的功能区划和水质监测数据（目标污染物类型及浓度），通过对应的软件计算目标污染物的处理负荷，根据计算结果来确定不同处理单元的组合方式及工作参数，并根据实时监测获得的水处理效果对各个水处理单元进行及时调控。

2.3.1　水质在线检测和信息反馈系统概况

1. 系统功能

水质在线检测和信息反馈系统功能框图如图 2.3.1 所示。

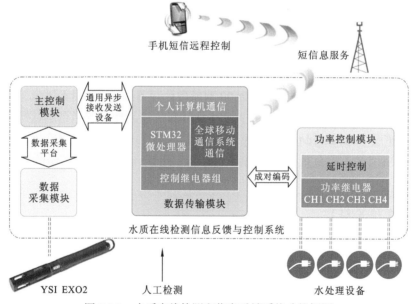

图 2.3.1　水质在线检测和信息反馈系统功能框图

2. 系统概述

水质在线检测和信息反馈系统包含目标水质在线检测单元和水质净化控制单元。整个系统包括硬件部分和软件部分，可以实现水质检测结果的数据采集、无线数据传输及水处理单元开关控制等功能。

通过水质在线检测单元对水域水质进行检测，基于检测结果，利用水质净化控制单元控制不同水处理单元对水域中超标的污染物进行处理。目标水质参数检测方式分为在线检测和人工检测 2 种。在线检测采用 YSI EXO2 多参数水质分析仪，可获得水温、电导率、盐度、pH、氧化还原电位（oxidation-reduction potential，ORP）、溶解氧、浊度和叶绿素 a 8 项水质指标，每隔一段时间自动采集一次在线检测获得的数据，并自动传入主控制模块。人工检测通过人工手动检测的方式，对氨氮、磷酸盐 2 项指标进行检测，人工检测后，将获得的数据通过手动方式输入主控制模块。

水质净化控制单元根据预先设定的水域污染物处理达标浓度，相应的浓度极值参照《地表水环境质量标准》（GB 3838—2002）进行，基于传输来的检测结果，首先明确水域中待处理的污染物种类及污染物负荷，进而确定需要启动的水质处理装置。

通过数据传输模块，远程发送检测数据、功率控制模块状态等信息；实时监听远程发送的短信指令，改变系统的工作状态。

2.3.2　信息反馈与控制系统硬件平台研发

信息反馈与控制系统硬件平台按功能不同可大致划分为主控制模块、数据传输模块、数据采集模块和功率控制模块四个功能模块。其中主控制模块和数据传输模块安装在 4U 标准机箱内部，数据采集模块和功率控制模块分别安装在两个防水盒中，各个部分用标准航空接头线缆连接。

1. 主控制模块

主控制模块基于英特尔 ATOM D2500 双核微处理器构建，采用无风扇工控主板和固态硬盘，确保 7 d×24 h 长期稳定运行；将 8.9 寸彩色液晶显示器显示屏、键盘、触控板及先进技术扩展（advanced technology extended，ATX）电源集成到 4U 标准机箱中，便于设备的安装调试，配合数据采集与自动控制专用软件的开发，实现信息反馈与控制功能。

2. 数据传输模块

数据传输模块基于 ARM Cortex-M3 微处理器 STM32F103 构建嵌入系统，集成全球移动通信系统（global system for mobile communications，GSM）手机短信收发功能，实现远程无线数据传输功能。数据传输模块与主控制模块相互独立，在主控制模块出现故障无法工作的特殊情况下，还可以远程查询、控制水处理单元的开关状态。

3. 数据采集模块

数据采集模块通过特定的数据转换装置，解决 YSI EXO2 与主控制模块的数据交换问题，实现水温、电导率、盐度、pH、ORP、溶解氧、浊度和叶绿素 a 8 项水质指标的连续在线监测与数据采集。

4. 功率控制模块

功率控制模块根据主控制模块的指令，实时控制各个水处理单元的开关，改变工况组合（依赖于水处理单元的功能）。功率控制模块设有 4 组控制器，并预留了 4 组以便功能升级。每组控制器最大可控制 6.6 kW（220 V/30 A）的功率设备开关。为避免功率设备对主控模块等数字电路的冲击，采用了 DC/DC 隔离电源供电和断电后自动延时通电的设计。

2.3.3　信息反馈与控制系统软件平台研发

信息反馈与控制系统的控制软件在主控制模块开机后自动运行，可实现在线数据采集、离线数据输入、远程无线数据传输和自动控制等功能。

1. 在线数据采集功能

在线数据采集功能主要为定时启动 YSI EXO2 进行在线检测，自动获取水温、电导率、盐度、pH、ORP、溶解氧、浊度和叶绿素 a 8 项水质指标。

2. 离线数据输入功能

离线数据输入功能主要提供数据输入接口，可通过键盘输入氨氮和磷酸盐 2 项水质指标的数据。

3. 远程无线数据传输功能

远程无线数据传输功能主要为通过数据传输模块，远程发送检测数据、功率控制模块状态等信息；实时监听远程发送的短信指令，改变系统的工作状态。

4. 自动控制功能

自动控制功能主要为根据当前水质检测数据，采用特定算法进行自动判断，并通过功率控制模块改变相应水处理单元的工况，优化水质净化效果。在特定情况下，也可切换到手动控制模式，由用户远程直接控制水处理单元的工况。

2.4　导 航 系 统

导航系统包括遥控控制系统和自主导航系统。

遥控控制系统包括控制器和地面遥控器，通过遥控装置，操作人员可利用地面遥控基站对移动式水质净化平台的航向、转向、速度及倒退进行控制。

自主导航系统采用"海德拉（Hydra）无人船地面站"系统，可实现全天候自主导航。利用自主导航系统规划航线有两种方式：第一种在地图上手动确定航点和航线；第二种根据在地图上选择的区域进行自动规划。

2.5 动力单元

动力单元包括太阳能电池板、蓄电池和锂电池。

太阳能电池板位于移动式水质净化平台的顶部，下方装有太阳能转换控制器，太阳能电池板与蓄电池配合使用，可以将光能转化为电能为蓄电池充电；系统也可以利用充电器对蓄电池进行充电。

系统还可以直接使用锂电池，相比于蓄电池，锂电池具备体积更小、重量更轻，循环寿命长等优点，但锂电池在价格上相对较贵。

2.6 移动式水质净化系统的构建思路和运行方式

根据目标水体的整体水质，湖库富营养化水体移动式水质净化系统可以选择不同的运行方式。当确定某水域的水体功能目标时（比如为 IV 类水体），参照《地表水环境质量标准》（GB 3838—2002），水质在线检测单元测得水中污染物浓度超过 IV 类水体标准时，水处理单元即在指令显示单元上显示需要启动处理单元。水处理单元控制微孔曝气单元、微电流电解单元启动，同时操作人员可根据指令显示单元的显示将其余的处理单元（吸附单元、碳纤维净化单元）分别启动。

移动式水质净化系统（I）在水域表面的运行模式类似于水上"扫地机器人"，主要采用物理和化学的方法对目标水域进行快速治理，通过移动式水质净化系统（I）的移动，使水处理单元与水体接触并进行净化处理，移动式水质净化系统（I）可通过船舶牵引作为动力，也可在移动式水质净化系统（I）上额外设置动力装置，使其以一定速度在污染水面进行移动时，一旦碰到障碍物，移动式水质净化系统（I）可自动进行转向。通过在湖库水体表面来回移动，对水面进行处理。此外，还可通过人工操作遥控器的方式来控制移动式水质净化系统（I）的运动方向和运动速率。

针对湖泊（水库）生态系统的维护，笔者研发设计了移动式水质净化系统（II），主要采用微生物技术净化水体，以碳纤维作为微生物载体，与微纳米曝气技术协同优化集成到可移动平台上，并引入自主导航系统，实现全天候对水域的净化处理。

2.7 本章小结

湖库富营养化水体移动式水质净化系统的组成为可移动漂浮平台，平台上设有水处理单元、水质在线检测和信息反馈单元、导航系统、动力单元。

（1）水处理单元主要包括微孔曝气单元、吸附单元、微电流电解单元和碳纤维净化单元。研究者可将各种处理技术进行优化组合并集成到可移动的平台上，在实际处理过程中，根据不同的水质情况和处理目标来选择不同的水质净化技术单元组合。

（2）水质在线检测和信息反馈单元的信号输出端与微电流电解单元、微孔曝气单元等水处理单元连接，根据水质在线检测反馈的水中污染物种类和浓度来确定需要启动的水处理单元，并将需要启动的水处理单元在指令显示单元上进行显示，同时控制微电流电解单元、微孔曝气单元的启动。

（3）导航系统可以选择遥控控制系统和自动导航系统。

（4）动力单元包括太阳能电池板、蓄电池和锂电池。

第 **3** 章

微孔曝气脱氮除磷技术

本章主要研究微孔曝气装置对湖库水体中氮磷营养盐的去除作用，设置三组实验，分别是曝气方式筛选实验、微孔曝气装置对封闭水域中氮磷营养盐的去除作用研究实验、微孔曝气对水中微生物群落代谢功能的影响实验，通过这三组实验阐明微孔曝气处理氮磷营养盐污染水体的影响因素并探索相应的去除机理，为湖库富营养化水体移动式水质净化系统设计和实验应用提供基础支撑。

3.1 实 验 设 计

3.1.1 曝气方式筛选实验

目前市场上曝气设备比较成熟，常用的设备包括微孔曝气装置和微纳米曝气装置，其中，微孔曝气装置具有气泡直径小，气液界面直径小，面积大，气泡扩散均匀，不易产生孔眼堵塞，耐腐蚀性强，安装简单方便等特点，是水生态修复及污水处理厂常用的曝气设备；微纳米曝气装置是一种异位曝气处理装置，特点是边吸水边吸气并在装置内充分混合，形成微纳米气泡后排入水体中，微纳米曝气装置处理水量较小，适合于实验室对污染水体的处理。

不同的曝气方式对污染物的去除效果不同，不同的曝气方式对污染物的去除作用机理还有待进一步研究。基于移动式水质净化平台的规格，本节通过微纳米曝气装置及微孔曝气装置对水中氮磷营养盐的去除效果进行比较研究，研究不同曝气方式的水质净化效果，主要考察不同曝气方式对水体中氨氮和磷酸盐的去除效果，以期为移动式水质净化平台曝气设备的选择提供依据。具体实验设计如下。

1）实验试剂

磷酸氢二钾（优级纯）、氯化铵（优级纯）、钼酸铵（分析纯）、浓硫酸（优级纯）、抗坏血酸（分析纯）、氯化汞（分析纯）、酒石酸钾钠（分析纯）。

2）实验用水

人工配制实验用水，氨氮用 NH_4Cl 配制，磷酸盐用 KH_2PO_4 配制，氨氮及磷酸盐浓度参照《地表水环境质量标准》（GB 3838—2002）劣 V 类水体中污染物的浓度标准，实验水体中氨氮和磷酸盐质量浓度分别设定为 3.0 mg/L 和 0.30 mg/L，此外，向自来水中添加一定量的葡萄糖使水体初始 COD 为 40 mg/L，实验水体配制好后，放置 24 h。

3）实验装置

本实验在水箱中进行，水箱尺寸长×宽×高为 75 cm×50 cm×35 cm，实验中污染水体的体积大约为 $1.23×10^5$ cm^3。设置对照组（污染物）和实验组（污染物+曝气）。

4）实验方式

实验采用连续曝气的方式，实验周期为 8 h，每隔 2 h 取样一次，测定水体中氨氮及磷酸盐的浓度。

5）样品测试

实验过程中总磷的分析采用《水质　总磷的测定　钼酸铵分光光度法》（GB 11893—89）；氨氮的分析采用《水质　氨氮的测定　纳氏试剂分光光度法》（HJ 535—2009）；水温（℃）、电导率（μS/cm）、盐度（ppt①）、pH、ORP（mV）、溶解氧（mg/L）、浊度（NTU）、叶绿素 a（μg/L）等水质参数采用 YSI EXO2 多参数水质分析仪分析。

---

① 1 ppt=1×10^{-12}

3.1.2　微孔曝气装置对封闭水域中氮磷营养盐的去除作用

自然条件下，天然水体具有一定的自净能力，水体中的溶解氧足以满足自净过程中微生物分解有机物的需要。但是当水体污染较严重时，单纯依靠大气复氧不能满足分解污染物时消耗溶解氧的需求，会导致水体溶解氧含量大幅降低，影响好氧生物的生存。另外，厌氧环境会促使厌氧细菌大量繁殖，产生甲烷、硫化氢等气体，影响水体感官。通过人工曝气充氧可以有效地改善水体缺氧环境。

与传统曝气装置相比，微孔曝气装置具有布气均匀、氧利用率高、动力效率高等优点，而且具有通气量大、充气能力大、微孔不易堵塞、使用寿命长等特点，可大大降低曝气的能耗。因为曝气设备的位置、深度、强度和时间等条件均会影响污染物的去除，且不同条件的影响程度不同，所以需要对曝气作用在水体净化的边界条件进行深入研究。为了方便对设备进行耦合，本书对市售微孔曝气装置进行改装，制作成适合安装在可移动处理平台上的单个微孔曝气装置，选取后官湖为示范对象，研究微孔曝气装置对水体中氮磷营养盐的去除效果，重点考察微孔曝气装置的曝气范围、曝气时间、曝气强度、水体 pH、曝气方式等对微孔曝气去除氮磷营养盐的影响。具体实验设计如下。

1）仪器和试剂

空压机、微孔曝气管、磷酸氢二钾（优级纯）、氯化铵（优级纯）、钼酸铵（分析纯）、浓硫酸（优级纯）、抗坏血酸（分析纯）、氯化汞（分析纯）、酒石酸钾钠（分析纯）、比色管（25 mL）、移液管、具塞离心管（50 mL）。

2）实验装置

微孔曝气装置如图 3.1.1 所示，微孔曝气管直径为 67 mm，长度为 500 mm，设计水深为 4～8 m，面积为 0.98～2.35 m²。本实验中的微孔曝气装置由空压机及微孔曝气管组成，设备流量由气体流量计控制。

图 3.1.1　微孔曝气装置图

3）实验场地

实验在室外围隔中进行。围隔主体支撑架构由钢管焊接而成，用不透水帆布材料做围隔袋，围隔上方敞开，围隔的长宽深为 2.0 m×1.0 m×1.0 m，围隔中的实验水体与湖体隔开，泵入 1.2 m³ 的水，设置 2 个处理组（添加污染物不曝气，添加污染物外加曝气）。

4）实验用水

实验用水由后官湖的湖水配制，其中氨氮用 NH_4Cl 配制，初始质量浓度设置为 3.00 mg/L；磷酸盐用 KH_2PO_4 配制，初始质量浓度设置为 0.30 mg/L，氮磷污染水体配制好后，放置 24 h，开展曝气实验。

5）工艺参数影响实验方案

微孔曝气范围的确定。首先测定水体原始 DO 的浓度，然后在微孔曝气管左右 1 m 的范围内测定 DO，测试间隔设定为 20 cm，通过测定范围内 DO 的变化规律，确定微孔曝气有效的 DO 作用范围。

曝气时间对水体污染物去除效果的影响。曝气时间设置为 4 h，每小时取样一次，测定水体磷酸盐、氨氮的浓度，确定曝气的最佳时间。

曝气强度对水体污染物去除效果的影响。调节曝气强度（三个档次：0.2 kg/cm²、0.5 kg/cm²、1.0 kg/cm²），曝气时间参照最佳曝气时间，pH 为水体初始值，研究不同曝气强度下微孔曝气设备对磷酸盐、氨氮的去除效果。

pH 对水体污染物去除效果的影响。在最佳的曝气强度下，用 NaOH 和 HCl 分别调节水体 pH 为 6.0、7.5、8.5 和 9.4，研究不同 pH 条件下微孔曝气设备对磷酸盐、氨氮的去除效果。

间歇曝气对微孔曝气效果的影响。在水体原始 pH 条件下，根据前期实验结果设定最优功率和最佳曝气时间，研究 3 种不同间歇曝气方式对水体溶解氧的提高程度及对污染物的去除效果，曝气时间为 3 h，3 种曝气方式分别是：①持续曝气；②曝气 10 min，停 10 min；③曝气 30 min，停 30 min。通过研究水体溶解氧的提高程度及对磷酸盐、氨氮的去除效果，确定最佳的曝气方式。

3.1.3 微孔曝气对水中微生物群落代谢功能的影响

水体微生物生态特征作为评价水体质量变化的重要指标，已引起人们越来越多的关注。诸多研究表明，水体污染会导致水体微生物功能多样性发生变化，水体污染程度会影响水体微生物活性，不同的污染水体还能形成特定的微生物种群。但目前关于水体微生物的研究主要集中在水体微生物数量、酶活性等指标的变化上，而对水体微生物功能多样性的影响研究还比较少。因此，有必要研究微孔曝气对水中微生物群落代谢功能的影响。

目前测定水体微生物多样性方法很多，Biolog 微平板分析法是测定水体微生物对不同碳源利用能力及其代谢差异，进而用以表征水体微生物功能多样性或结构多样性的一种方法。随着人们对水体微生物群落结构及多样性重要性认识的提高，Biolog微平板分析法因能利用自动测定装置获得大量有关微生物群落功能方面的重要信息而越来越受到人们重视（田雅楠 等，2011）。本书通过比较不同曝气方式下，水体中微生物群落多样性的变化，进而探讨微孔曝气对水体微生物群落的影响，为揭示微孔曝气对水体中氮磷营养盐的去除机理提供参考。

1）实验装置

实验装置同 3.1.2 节。

2）实验材料

实验测定对象为污染水体。

3）实验方法

将 1 mL 水样加入到 9 mL 灭菌水里接种，通过水浴恒温振荡器混匀，10 min 后，用移液枪取 1 mL 混合水样到 9 mL 灭菌水中，重复上述步骤，将原始水样稀释 1 000 倍，尽可能减少水样中的碳源，将上述稀释液加入 Biolog ECO 微平板（100 μL/孔）中，然后在 33 ℃条件下培养，每隔 24 h 用 Biolog 微生物自动读数仪读取数据，连续测定 120 h。

4）分析方法

采用 SPSS 统计软件进行多样性指数差异显著分析和主成分分析；采用 Biolog ECO 微平板培养 120 h 的数据进行数据统计，采用香农（Shannon）指数、香农均匀度、辛普森（Simpson）优势度指数、麦金托升（McIntosh）指数和麦金托升均匀度各种多样性指数来反映细菌群落代谢功能的多样性；Biolog ECO 微平板反应一般采用颜色平均变化率（average well color development，AWCD）来描述。计算公式为

$$AWCD = [\Sigma(C_i - R)]/31 \tag{3.1.1}$$

式中：C_i 为除对照孔外各孔吸光度值；R 为对照孔吸光度值。通过主成分分析（principal component analysis，PCA）将 Biolog ECO 微平板的 31 种碳源的测定结果形成的描述细菌群落代谢特征的多元向量变换为互不相关的主元向量（PC1 和 PC2 是主元向量的分量），在降维后的主元向量空间中可以用点的位置直观地反映出不同细菌群落的代谢特征。

3.2　曝气装置筛选

3.2.1　不同曝气装置对水中磷酸盐的去除效果

考察不同曝气装置（微孔曝气和微纳米曝气）对水中磷酸盐的去除效果，实验结果见图 3.2.1。由图 3.2.1 可知，空白对照组、微孔曝气和微纳米曝气实验组中磷酸盐质量浓度均未发生明显变化，因此，在室内实验的条件下，仅依靠曝气方式难以将水体的中磷酸盐去除。

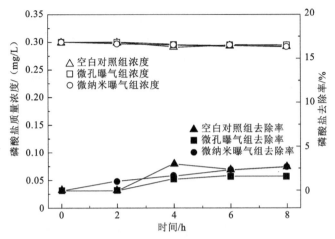

图 3.2.1　微孔曝气和微纳米曝气过程中磷酸盐质量浓度变化及去除率

3.2.2　不同曝气装置对水中氨氮的去除效果

考察不同曝气装置（微孔曝气和微纳米曝气）对水中氨氮的去除效果，实验结果见图 3.2.2。由图 3.2.2 可知，空白对照组中氨氮减幅较少，仅减少 7.72%，因此单靠水体土著微生物的自净作用及氨氮的自然挥发难以将氨氮去除。实验组经过曝气后，微孔曝气装置和微纳米曝气装置对氨氮的去除率分别为 16.00% 和 21.00%，明显高于空白对照组。实验结果说明曝气能显著提高水体中的溶解氧，促进水体微生物的繁殖，依靠微生物的作用将氨氮去除，此外，曝气装置可通过曝气将水体中的铵根转变成氨气泵出水体，从而达到对水中氨氮的去除作用。

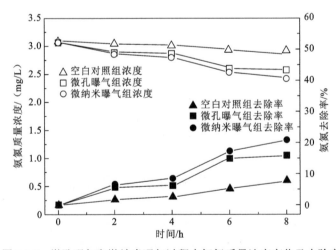

图 3.2.2　微孔曝气和微纳米曝气过程中氨氮质量浓度变化及去除率

3.2.3　不同曝气装置对其他水质参数的去除效果

表 3.2.1 显示微孔曝气及微纳米曝气过程中,目标水体其他水质参数变化,从表 3.2.1 中可以看出,微孔曝气及微纳米曝气装置都可显著提高水体溶解氧的质量浓度,但对其他水质参数,包括电导率、总溶解固体(total dissolved solids,TDS)、盐度、pH、ORP、浊度、叶绿素 a、蓝绿藻藻蓝蛋白(blue-green algae phycocyanin,BGA-PC)的影响不大。因此,微孔曝气及微纳米曝气装置去除水体中的氮磷主要是通过提高水体溶解氧,增加水体好氧细菌的数量,进而利用微生物的新陈代谢作用去除水体磷酸盐及氨氮。

表 3.2.1　微孔曝气及微纳米曝气过程中其他水质参数变化

参数	空白对照组	微孔曝气组	微纳米曝气组
水温/℃	20.20	20.41	20.55
电导率/(μS/cm)	217.54	243.04	227.52
TDS/(mg/L)	102.55	94.20	98.16
盐度/ppt	0.09	0.09	0.09
溶解氧/(mg/L)	6.02	9.82	9.94
pH	7.84	8.01	7.92
ORP/mV	160.20	179.10	185.20
浊度/NTU	2.33	3.31	3.42
叶绿素 a/(μg/L)	0.08	1.21	1.07
BGA-PC/(μg/L)	-0.06	-0.15	-0.09

3.2.4　曝气装置类型的选择

不同曝气装置(微孔曝气和微纳米曝气)对氮磷营养盐的去除效果对比结果见表 3.2.2,从去除氮磷效果来讲,两种曝气方式对氮磷营养盐的去除率相当,并无明显差异。

表 3.2.2　微孔曝气及微纳米曝气去除氨氮及磷酸盐效果比较

曝气方式	磷酸盐去除率/%	氨氮去除率/%
微孔曝气	1.6	16.0
微纳米曝气	2.7	21.0

从装置的使用范围来看,微纳米曝气装置处理水量较小,适合于实验室中小范围水体处理的研究,不太适合对大范围的天然水体进行处理;微孔曝气装置适用于大范围的水体处理。

从设备的成本上来看,微纳米曝气装置成本较高,是微孔曝气装置的 10 倍左右。例如,处理同一片水域,若使用微纳米曝气装置,需要安装多个微纳米曝气装置才能达到理想的效果,而使用微孔曝气装置,一个空压机就可以安装多个微孔曝气管,大大降低了水处理的费用。

从设备的能耗来看，微孔曝气设备和微纳米曝气设备能耗基本相同，但是微孔曝气设备可通过安装多个微孔曝气管增大其曝气有效作用范围，提高单位时间内处理的水量，因此微孔曝气设备的能耗相对较小。

从设备与移动平台结合的难易度来看，微孔曝气设备比较容易结合到湖库富营养化水体移动式平台上，且还能与其他水处理技术（如吸附等）耦合使用，通过优化组合及技术集成后，微孔曝气装置可极大地提高自身及耦合装置对湖库水体氮磷营养盐的去除效果，能够大大促进自然水体的水质净化效果。

因此，综合考虑设备处理效果、使用范围、设备成本、设备能耗及与移动平台的结合难易度，最终选择微孔曝气为移动式水质净化平台的曝气设备。

3.3　微孔曝气工艺参数

基于曝气方式筛选实验结果，选择微孔曝气装置为移动式水质净化平台上的曝气装置，对微孔曝气的工艺参数进行研究。

3.3.1　微孔曝气范围的确定

微孔曝气的作用范围是指微孔曝气设备提高水体溶解氧所能达到的范围，其可为围隔实验中围隔的构建提供技术参数，也可为移动式水质净化平台的构建提供技术参数，如在移动式水质净化平台上微孔曝气管的安装数量、间隔及和其他水质净化装置的组合安装，因此，微孔曝气管作用范围的确定至关重要。

通过测定曝气装置周边水体的溶解氧质量浓度可以分析设备曝气作用范围。微孔曝气设备周边距离与溶解氧的关系如图 3.3.1 所示。从图 3.3.1 可知，相比于未曝气的水体，

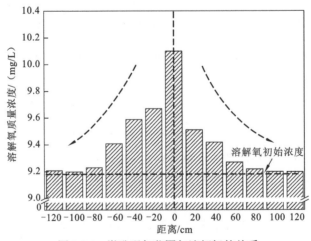

图 3.3.1　微孔曝气范围与溶解氧的关系
负号表示在微孔曝气管的左侧

经过曝气后，水体中的溶解氧明显提高，并且随着与微孔曝气管的距离的增大而逐渐减小，在微孔曝气管左右 1 m 范围内溶解氧逐渐减小至水体原始溶解氧浓度，因此单根微孔曝气管的溶解氧有效作用范围为沿微孔曝气管左右 1 m。

3.3.2　曝气时间对磷酸盐及氨氮去除的影响

从图 3.3.2 可以看出，随着时间的延长，曝气装置对磷酸盐的去除率逐渐增大，曝气 1 h 时磷酸盐的去除率约为 5.0%，曝气 2 h 后其对磷酸盐的去除率开始增大，4 h 后微孔曝气装置对磷酸盐的去除率为 11.2%；室内实验显示曝气对水体中磷酸盐的去除作用有限，但围隔实验中曝气时间对水体中磷酸盐的去除有一定的影响，这主要是由于曝气可以提高围隔中微生物的活性，微生物对磷酸盐的去除作用增强，曝气还通过氧化作用，改变了围隔水体中铁、锰等金属离子的存在形态及悬浮物的理化性质，强化对水体中磷的吸收作用，然后通过沉降作用将磷从水体转移到底泥中。

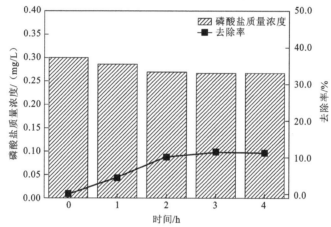

图 3.3.2　微孔曝气装置对水体中磷酸盐的去除效果与时间的关系

从图 3.3.3 可以看出，随着时间的延长，曝气对水体中氨氮的去除率逐渐增大。曝气

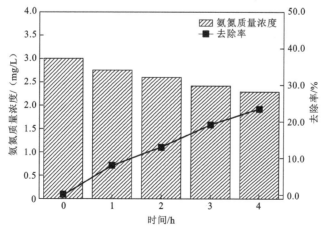

图 3.3.3　微孔曝气装置对水体中氨氮的去除效果与时间的关系

1 h 时微孔曝气管对氨氮的去除率约为 10.0%，4 h 后微孔曝气装置对氨氮的去除率可达 23.0%。

3.3.3 曝气强度对磷酸盐及氨氮去除的影响

微孔曝气装置的曝气强度可分为高中低三个强度，分别为 1.0 kg/cm²、0.5 kg/cm² 及 0.2 kg/cm²，图 3.3.4 显示不同曝气强度下水体中磷酸盐及氨氮的去除率随时间的变化规律。

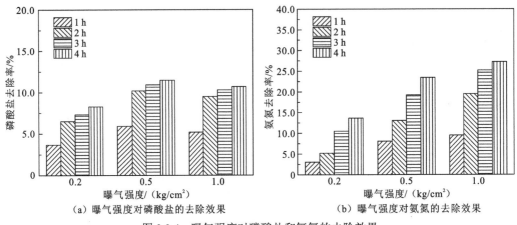

（a）曝气强度对磷酸盐的去除效果　　　　（b）曝气强度对氨氮的去除效果

图 3.3.4　曝气强度对磷酸盐和氨氮的去除效果

由图 3.3.4 可知，曝气 4 h 后，微孔曝气装置的曝气强度设定为低中高三个强度时，水体中磷酸盐去除率分别是 8.3%、11.5% 和 10.7%，曝气强度为 0.5 kg/cm² 时，水体中磷酸盐的去除率最高，因此，曝气强度与磷酸盐去除率并不是完全的正相关关系；氨氮的去除率随曝气强度的增大而增加，微孔曝气装置的曝气强度设定为低中高三个强度时，水体中氨氮的去除率分别为 13.7%、23.5% 和 27.2%，曝气强度设定为 1.0 kg/cm² 时，曝气作用对氨氮的去除效果最好。

因此，基于曝气强度对磷酸盐和氨氮的去除效果的影响，同时考虑能耗问题，最优曝气强度设定为 0.5 kg/cm²。

3.3.4 pH 对磷酸盐及氨氮去除的影响

曝气装置对水体中氮磷营养盐的去除效果与天然水体的 pH 关系密切。在最佳的曝气强度（0.5 kg/cm²）条件下，曝气时间定为 4 h，调节水体 pH（6.0、7.5、8.5、9.4），研究不同 pH 条件下微孔曝气设备对磷酸盐、氨氮的去除率，结果如图 3.3.5 所示。

从图 3.3.5 中可以看出，随着 pH 的增大，曝气装置对磷酸盐和氨氮的去除率呈现增加的趋势，碱性条件下，磷酸盐去除效果的提升主要是由于水体碱性有利于被搅动的沉积物对磷酸盐的吸附，氨氮去除效果的提升主要是由于碱性条件有利于氨氮以分子状态被泵出，因此，提高水体 pH 有助于磷酸盐和氨氮的去除。

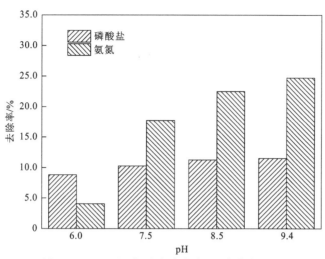

图 3.3.5 pH 对曝气法去除磷酸盐和氨氮的影响

3.3.5 最优曝气工艺条件下其他水质参数的变化

表 3.3.1 列出了曝气过程中其他水质参数的变化，从表 3.3.1 中可以看出，曝气过程中，溶解氧、浊度和叶绿素 a 质量浓度发生较大的变化，其余的水质参数变化不大。

表 3.3.1 曝气过程中其他水质参数的变化

参数	时间				
	0 h	1 h	2 h	3 h	4 h
水温/℃	19.90	19.00	19.20	19.30	19.20
电导率/（μS/cm）	306.90	300.00	300.00	300.70	305.90
TDS/（mg/L）	340.00	299.60	337.00	337.00	339.00
盐度/ppt	0.16	0.16	0.16	0.16	0.16
溶解氧/（mg/L）	8.88	9.31	9.68	9.61	9.63
pH	8.02	8.01	8.29	8.27	8.41
ORP/mV	160.20	179.10	156.20	167.90	180.40
浊度/NTU	7.40	6.70	9.40	5.70	19.90
叶绿素 a/（μg/L）	4.01	2.73	2.01	2.70	1.83
BGA-PC/（μg/L）	0.31	0.29	0.35	0.35	0.24

曝气过程中，水体中的溶解氧从初始的 8.88 mg/L 提高为 9.63 mg/L，并在处理的 4 h 内始终处于饱和状态；水体浊度在前 3 h 内变化不大，4 h 后水体浊度明显增大，主要是由于曝气对水体中少量沉积物的搅动作用；水中叶绿素 a 质量浓度从 4.01 μg/L 降为 1.83 μg/L，叶绿素 a 的降低原因也与水体发生搅动有关，藻类吸附在搅动的悬浮物上，并随其一起

沉积于水体底层，最终降低了水体中叶绿素 a 质量浓度。

3.3.6　间歇曝气对微孔曝气效果的影响

在曝气的过程中，可采取间歇曝气的方式进行处理，既减少能耗、节省运行成本，又具有一定硝化-反硝化脱氮的效果。在实际运用中如果能结合自动监控设备，在水体溶解氧到达临界目标值时，自动启闭曝气设备，实现间歇曝气的自动化控制，将会使曝气技术在天然水体治理中具有更广阔的应用前景。

图 3.3.6 显示了微孔曝气溶解氧饱和所需的时间及停止曝气后溶解氧随时间的变化情况，其中图 3.3.6（a）水体中溶解氧初始质量浓度为 0.26 mg/L，图 3.3.6（b）水体中溶解氧初始质量浓度为 2.62 mg/L。由图 3.3.6 可知，在曝气阶段，溶解氧质量浓度随着曝气时间的增加而不断增大，10 min 内微孔曝气装置可使水中溶解氧从劣 V 类水体（0.26 mg/L 和 2.62 mg/L）升至 9.00 mg/L；停止曝气后，溶解氧开始快速降低，约 10 min 后溶解氧从 9.00 mg/L 降至 3.00 mg/L，17 min 后基本降低至初始值。

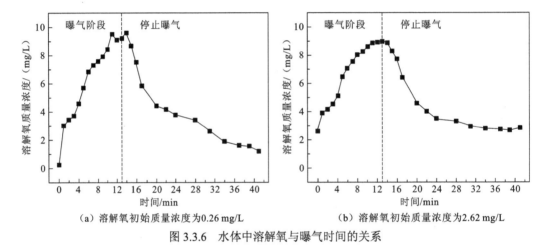

（a）溶解氧初始质量浓度为0.26 mg/L　　　　（b）溶解氧初始质量浓度为2.62 mg/L

图 3.3.6　水体中溶解氧与曝气时间的关系

3.4　微孔曝气对水中微生物群落代谢功能的影响

3.4.1　微孔曝气对水体微生物总活性的影响

在 Biolog 微平板分析法中，常使用 AWCD 来表示水体中微生物的活性。图 3.4.1 显示了曝气和不曝气水体在不同培养时间下的水体微生物活性变化情况，由图 3.4.1 可知，微生物活性均随着培养时间的延长而增强，曝气方式下水体微生物活性始终比不曝气方式下微生物活性高，培养 48 h 后，曝气方式下水体微生物活性比不曝气方式下提高了约 20%，说明曝气可以增强水体微生物的活性，促进好氧微生物的生长。

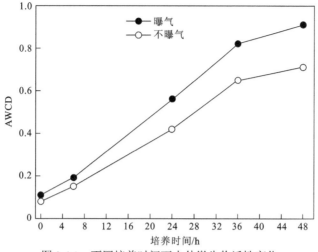

图 3.4.1　不同培养时间下水体微生物活性变化

3.4.2　微孔曝气对水体微生物群落结构的影响

微生物主要利用水体碳源而大量繁殖，总活性表示的是 31 种碳源的总利用情况，为进一步了解 31 种碳源中哪一类物质对提高微生物活性贡献最大，可将这 31 种碳源按所含功能团的不同划分成羧酸、氨基酸、胺类、糖类、酯类、醇类 6 大类。

图 3.4.2 显示水体微生物对 6 大类碳源利用随时间的变化情况。由图 3.4.2 可知，根际与非根际土壤微生物对 6 大类碳源的利用率均随培养时间的延长而增加。根据曝气与不曝气增加速率的不同，将 6 大类碳源分成 3 组，其中氨基酸、糖类、酯类为第一组，这一组总趋势是曝气组微生物利用程度明显强于不曝气组微生物，并随培养时间的延长，增强幅度加大；第二组为羧酸类碳源，曝气及不曝气组微生物对羧酸的利用程度相当；第三组为醇类和胺类碳源，不曝气组微生物对其利用程度明显高于曝气组。

因此，水体经曝气后，改变了水体原有的微生物群落结构，使得以氨基酸、糖类、酯类为主要碳源的微生物大量出现，成为了优势种。

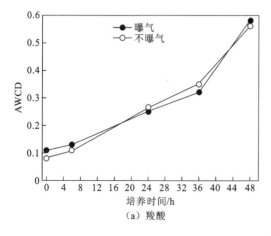

（a）羧酸

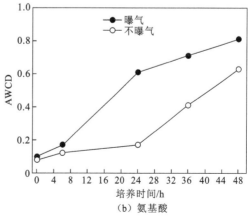

（b）氨基酸

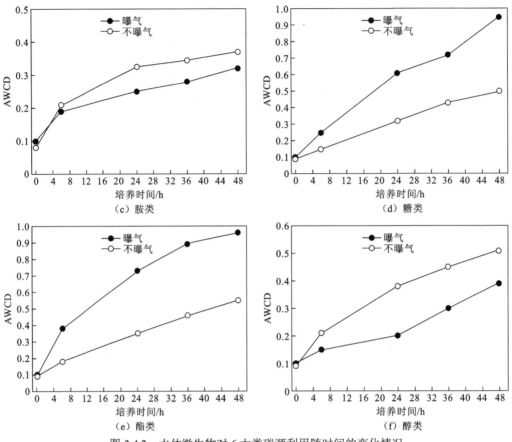

图 3.4.2　水体微生物对 6 大类碳源利用随时间的变化情况

3.5　本 章 小 结

　　本章以微孔曝气单元为对象，通过开展室内和室外围隔实验，研究了微孔曝气装置对湖库水体中氮磷营养盐的去除作用及效率，并从水体微生物角度阐述了微孔曝气装置去除湖库水体中氮磷营养盐的机理，主要结论如下。

　　（1）微孔曝气装置及微纳米曝气装置都对水中氨氮具有一定的去除效果，两者处理效果差异不大，微孔曝气装置及微纳米曝气装置对水体中磷酸盐的去除效果不明显，但微孔曝气装置相比微纳米曝气装置更适合结合在湖库富营养化水体移动式平台上。

　　（2）单根微孔曝气管的溶解氧有效作用范围为沿微孔曝气管左右 1 m；曝气强度为 0.5 kg/cm² 时，微孔曝气装置除磷效果最好；曝气强度为 1.0 kg/cm² 时，微孔曝气装置对氨氮的去除效果最好，综合考虑除磷和除氮的效果及设备的能耗，最优的曝气强度为 0.5 kg/cm²。随着 pH 的增大，曝气装置对氨氮的去除率逐渐上升；微孔曝气装置的最佳曝气方式为间歇曝气，间歇曝气时间为 10 min；微孔曝气技术比较适合于处理以氨基酸、糖类及酯类碳源为主的污染水体。

第 4 章

吸附净化氮磷技术

本章通过开展吸附量、吸附速度及与吸附有关的环境因子优化实验，筛选出对氮磷（主要是氨氮和磷酸盐）具有高效吸附作用且廉价易得的材料，结合材料吸附污染物达到饱和后的再生处理，研究材料的再生能力。笔者以废弃的选铜尾砂和低成本的生物炭为原料，自主研发更加经济高效的除磷吸附材料，同时实现废弃物的无害化处理和资源化利用。研究成果可为湖库富营养化水体移动式水质净化系统的吸附单元设计和野外原型实验提供基础支撑。

4.1 实 验 设 计

4.1.1 吸附单元材料的优选

沸石、活性氧化铝、锰砂、陶粒和活性碳纤维是吸附处理水体氮磷的常见材料。吸附材料的吸附能力与活性钙、胶体氧化铁及铝含量有关（曹世玮 等，2012）。沸石作为一种天然、无毒、无味的非金属矿物材料，在水环境治理中有着广泛的应用（Wang et al.，2010）。活性氧化铝是一种比表面积大、吸附性能好、强度与化学稳定性好、热稳定性较好的固体吸附剂（王挺 等，2009）。陶粒中含有大量的 Si、Al 的活性点，且比表面积大，具有较强的吸附能力（蒋丽 等，2011）。活性碳纤维具有很大的比表面积（可达数千平方米每克）、合适的微孔结构和可再生能力强等良好性能，因此被认为是水处理中很好的吸附和过滤材料（余子锐 等，2003）。对于上述材料的吸附研究，目前研究者集中于静态处理高浓度氮磷废水，对低浓度氮磷或流动水体关注较少，对于氮磷吸附饱和后材料的再生方法和循环利用效率研究不足。

优异氮磷吸附材料的首要标准是吸附量高，其次是吸附速度快，最后是吸附材料容易再生和吸附性能稳定等，通过本节的研究，从上述几种材料中筛选出吸附单元的主要吸附材料。

1. 吸附材料

沸石[天然、酸改性（以 3.5 mol/L 的盐酸溶液浸泡沸石，浸泡 24 h，用去离子水洗 5～6 遍，烘干备用）和离子改性（天然沸石与 $AlCl_3$ 和 $MgCl_2$ 以质量比 4：1：1 混合均匀，加水搅拌溶解，用 NaOH 溶液调至 pH=7.0，搅拌 24 h，用去离子水洗 5～6 遍，烘干备用）]、锰砂、陶粒、活性氧化铝。

2. 吸附实验

1）室内实验

（1）吸附动力学实验。选取沸石、锰砂、陶粒和活性氧化铝进行吸附动力学实验，确定各种吸附材料对磷酸盐和氨氮的吸附平衡时间。室温条件下，分别称取 0.500 0 g 沸石（粒径<0.25 mm）、锰砂（粒径<0.25 mm）、陶粒（粒径<0.25 mm）和活性氧化铝（粒径 3～5 mm）分别置入 50 mL 具塞离心管中，然后加入 20 mL 初始磷酸盐质量浓度为 1.00 mg/L（用 K_2HPO_4 配制）的溶液。将准备就绪的具塞离心管放在水浴恒温振荡器上连续振荡（25 ℃，200 r/min），分别于 0.25 h、0.50 h、1.00 h、2.00 h、4.00 h、8.00 h、12.00 h 和 24.00 h 取出一组离心管（每组重复 3 次），在 3 500 r/min 条件下离心 10 min，取上清液用紫外可见分光光度计测定磷酸盐的质量浓度。吸附动力学实验中溶液磷酸盐减小量即材料的平衡磷酸盐吸附量。实验结束时上清液中的磷酸盐质量浓度为平衡磷酸

盐质量浓度。以吸附材料平衡吸附量对时间作图即得到吸附材料吸附动力学曲线。

吸附材料对氨氮的吸附动力学实验与上述实验过程基本相同，唯一的差别是将 20 mL 初始质量浓度为 1.00 mg/L 磷酸盐溶液替换成 20 mL 初始质量浓度为 5.00 mg/L 的氯化铵溶液。

（2）等温吸附实验。选取沸石（含酸改性和离子改性）、锰砂、陶粒和活性氧化铝进行等温磷酸盐吸附实验，确定各种吸附材料的磷酸盐最大平衡吸附量。室温条件下，分别称取 0.500 0 g 沸石（粒径<0.25 mm）、锰砂（粒径<0.25 mm）、陶粒（粒径<0.25 mm）和活性氧化铝（粒径 3～5 mm），分别置入 50 mL 具塞离心管中，然后加入 20 mL 含初始磷酸盐质量浓度分别为 0.0 mg/L、0.5 mg/L、1.0 mg/L、2.0 mg/L、4.0 mg/L、8.0 mg/L和 16.0 mg/L 的溶液于上述具塞离心管中（每个初始质量浓度设置 2 组平行实验）。将准备就绪的磷酸盐溶液在水浴恒温振荡器上连续振荡 24 h（25 ℃，200 r/min），振荡完毕后在 3 500 r/min 条件下离心 10 min，取上清液用紫外可见分光光度计测定磷酸盐的质量浓度。吸附实验中溶液磷酸盐质量浓度减小量即吸附材料的磷酸盐平衡吸附量。实验结束时上清液中的磷酸盐质量浓度为平衡磷酸盐质量浓度。以溶液平衡磷酸盐质量浓度对吸附材料平衡吸附量作图即得到吸附材料磷酸盐等温吸附曲线。

2）围隔实验

实验准备。①围隔构建：实验用的浮式围隔主体支撑架构为钢管焊接而成，用不透水帆布材料做围隔袋，围隔上方敞开，尺寸为：2 m×1 m×1 m（长×宽×深），泵入 1.2 m³ 汉阳沌口生态塘内的塘水，围隔内的实验水体与围隔外的池塘水体无交换。围隔实验现场见图 4.1.1。②实验用水：准确在围隔水体中分别投加一定量的 NH_4Cl、KH_2PO_4 试剂，使氨氮、磷酸盐质量浓度分别达到设定的 3.0 mg/L、0.3 mg/L，围隔灌满水后，实测上述污染物浓度。③吸附材料：采用室内实验优选出的活性氧化铝和锰砂，装入孔径为 4 mm 左右的柱状塑料网，用匝带密封。

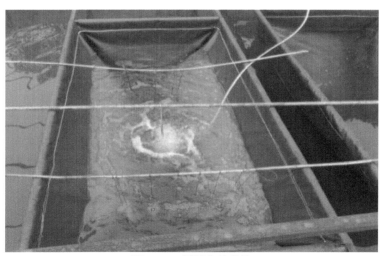

图 4.1.1 围隔实验现场

实验运行。2013 年 10 月 28 日～2013 年 11 月 14 日，将吸附材料放入围隔水体，间隔 0.5 h、1.0 h、2.0 h、3.0 h、4.0 h、5.0 h 和 6.0 h 后取样，测定水体中的总磷、氨氮及其他水质参数。每次实验完毕后，从围隔内取出吸附材料。

3）主要水质指标测定

水体中总磷的浓度测定依据《水质　总磷的测定　钼酸铵分光光度法》（GB 11893—89），氨氮测定采用《水质　氨氮的测定　纳氏试剂分光光度法》（HJ 535—2009）。在现场围隔实验的过程中采用 YSI EXO2 多参数水质分析仪在线监测水质其他参数，包括：水温（℃）、电导率（μS/cm）、盐度（ppt）、pH、ORP（mV）、溶解氧（mg/L）、浊度（NTU）、叶绿素 a（μg/L）。

4.1.2　优选材料吸附参数

考虑到吸附材料成本、吸附效率和吸附时间等因素，在进行吸附单元设计和原型实验时，有必要通过实验获得优选材料的主要吸附技术参数（用量、吸附时间）和模拟移动条件下吸附材料的理论使用寿命。

1. 吸附材料用量和原位吸附时间实验

配制 5 组磷酸盐初始质量浓度为 0.5 mg/L，体积为 1 L 的溶液（采用武汉市解放公园景观水配制），将其加入到 2 L 的锥形瓶中，然后分别加入准确称取的 1.0 g、2.0 g、4.0 g、8.0 g 和 16.0 g 优选吸附材料。将锥形瓶置于恒温水浴振荡器中，设置温度为 25 ℃，转速设置为 100 r/min，分别于 1 h、2 h、3 h、4 h、5 h、6 h、7 h 和 8 h 取样 4 mL，测定溶液中磷酸盐的质量浓度。根据实验测定结果，得到优选吸附材料不同用量条件下溶液中磷酸盐质量浓度的动态变化过程，计算单位质量优选吸附材料吸附量和吸附速率。

2. 吸附材料使用寿命实验

配制若干组磷酸盐初始质量浓度为 0.5 mg/L、体积为 1 L 的溶液（采用武汉市解放公园景观水配制）。称取一定量的优选吸附材料若干份，将材料放入溶液中，保持 8 h，然后取出，测定上清液中磷酸盐质量浓度。将取出的吸附材料放入另一个磷酸盐初始质量浓度为 0.5 mg/L 和氨氮质量浓度为 3.0 mg/L，体积为 1 L 的溶液中，循环往复，直至溶液中磷酸盐和氨氮质量浓度不再下降或者升高，则认为吸附材料的吸附达到饱和。实验在恒温水浴振荡器中进行，水温设置为 25 ℃，转速设置为 100 r/min。

计算吸附材料的饱和吸附量。根据公式计算优选吸附材料对磷酸盐的每次吸附量，将每次吸附量进行相加，得到优选吸附材料的饱和吸附量。

$$Q = \frac{(C_0 - C_t)V}{m} \qquad (4.1.1)$$

式中：Q 为单位质量优选吸附材料吸附磷酸盐的量，mg/g；C_0 为溶液中磷酸盐初始质量浓度，mg/L；C_t 为溶液中磷酸盐的最终质量浓度，mg/L；V 为溶液体积，L；m 为优选吸附材料的质量，g。

4.1.3　环境因素对吸附效果的影响

环境因素如共存离子、pH、水温和扰动，均会影响吸附材料对磷的吸附效果。天然水体中污染物种类很多，可以分成以下几类：无机阳离子、无机阴离子、有机阳离子、有机阴离子、可离子化有机污染物和不可离子化的电中性有机污染物（刘通 等，2011）。天然水体中的共存离子影响吸附材料对目标污染物的去除效果。天然水体 pH 一般在 6.0～9.0，不同 pH 下吸附材料表面的荷电特性存在差异，而且影响污染物如氨氮和磷酸盐的离解状况和溶解性，从而对吸附量产生影响。此外，污染物的存在形态也受 pH 影响，pH 在 5.5～6.5 时，水溶液中的磷主要以 $H_2PO_4^-$ 形式存在，pH 大于 7.0 时，主要以 HPO_4^{2-} 及 PO_4^{3-} 形式存在（王红斌 等，2004）。此外，吸附材料对目标污染物的吸附是吸热/放热过程，水温也能影响吸附效果（郭照冰 等，2011）。扰动条件对于材料吸附目标污染物的影响尚无一致结论，一方面水体扰动可以加速水体中污染物的扩散，使吸附材料更容易接触到污染物；另一方面扰动容易使吸附在材料表面的污染物再次解吸下来（唐洪武 等，2014）。

吸附材料应用到天然水体中时需考虑环境因素的影响。通过实验考察环境因子包括共存离子、pH、温度和扰动等对优选材料吸附磷酸盐的影响，可为吸附单元设计和原型实验积累基础性资料。

1. 共存离子影响实验

称取 5 份各 8 g 优选吸附材料，配制 5 组 1 L 的磷酸盐质量浓度为 0.35 mg/L 的溶液（采用武汉市解放公园景观水配制）。采用不同物质的量浓度的 NaCl 模拟共存离子强度（0.00 mol/L、0.05 mol/L、0.10 mol/L、0.20 mol/L 和 0.50 mol/L）。将优选吸附材料放入溶液，并置于恒温水浴振荡器中，调节转速为 100 r/min，温度为 25 ℃，振荡 8 h，然后取出测定上清液中磷酸盐质量浓度。计算优选吸附材料吸附磷酸盐的量，比较不同共存离子强度对优选吸附材料吸附磷酸盐的影响。

2. pH 影响实验

称取 4 份各 8 g 优选吸附材料，配制 4 组 1 L 的磷酸盐质量浓度为 0.35 mg/L 的溶液（采用武汉市解放公园景观水配制），用 NaOH 和 HCl 分别调节溶液 pH 分别为 6、7、8、9，模拟天然水体不同 pH 状况。将称好的优选吸附材料放入溶液中，并置于恒温水浴振荡器中，调节转速为 100 r/min，温度为 25 ℃，振荡 8 h，然后取出测定上清液中磷酸盐质量浓度。计算优选吸附材料吸附磷酸盐的量，比较不同的水体 pH 对优选吸附材料吸附磷酸盐的影响。

3. 扰动影响实验

称取 8 g 优选吸附材料 5 份。配制 5 组 1 L 的磷酸盐质量浓度为 0.30 mg/L 的溶液（采用武汉市解放公园景观水配制），装入锥形瓶中。优选吸附材料放入锥形瓶后，将锥形瓶放置于恒温水浴振荡器中，温度设置为 25 ℃，转速分别设置为 0 r/min、50 r/min、100 r/min、150 r/min 和 200 r/min，振荡 8 h 后取出，测定上清液中磷酸盐质量浓度。计算优选吸附材料吸附磷酸盐的量，比较不同的扰动强度对优选吸附材料吸附磷酸盐的影响。

4. 水温影响实验

称取 8 g 优选吸附材料 3 份，配制 3 组 1 L 的磷酸盐质量浓度为 0.30 mg/L 的溶液（采用武汉市解放公园景观水配制），装入锥形瓶中。优选吸附材料放入锥形瓶后，将锥形瓶放置于恒温水浴振荡器中，设置转速为 100 r/min，水温分别设置为 15 ℃、25 ℃ 和 35 ℃，振荡 8 h 后取出，测定上清液中磷酸盐质量浓度。计算优选吸附材料吸附磷酸盐的量，比较不同温度对优选吸附材料吸附磷酸盐的影响。

4.1.4 吸附材料再生方法和效果

对磷吸附饱和材料实施再生，不仅可以迅速恢复材料的磷吸附量，延长材料使用寿命，还可以降低吸附成本，进一步提高工艺的技术经济可行性。

目前，磷吸附饱和填料主要采用强碱再生或超声再生法。康家伟等（2006）对磷吸附饱和的含铁矿物吸附剂用物质的量浓度为 1 mol/L 的 NaOH 解吸再生，35 h 后解吸率达到 90% 以上，再生效果良好。邢坤等（2013）将吸附饱和的层状氢氧化镁铝，用 0.1 mol/L NaOH 和 3 mol/L NaCl 溶液进行解吸，结果表明再生率接近 100%。彭晓丽等（2013）将磷吸附饱和的磁性 Fe_3O_4/Beta 沸石复合材料，加入 0.5 mol/L 的 NaOH 进行再生，结果发现再生后的材料对磷酸根的吸附效率与原材料的吸附效率相比没有显著变化。孟顺龙等（2013）对镧/铝改性沸石再生能力的研究显示，经过 4 次再生后，镧/铝改性沸石的磷吸附量和再生能力分别为 2.367 mg/g、2.336 mg/g、2.312 mg/g、2.253 mg/g 和 96.7%、95.5%、94.5%、92.1%，虽然吸附剂的磷吸附能力随再生次数的增加呈现逐渐降低的趋势，但经过 4 次再生后，其对磷的吸附能力仍保持在 92.0% 以上，表明镧/铝改性沸石具有较好的稳定性和再生能力。此外，叶爱英等（2013）利用超声对磷吸附饱和的粉煤灰在功率为 800 W 条件下超声 30 min 后，磷吸附量可恢复到 67.9%，表明超声对改性粉煤灰具有一定的再生效果。

为节约吸附单元内吸附材料用量，提高材料循环利用效率，笔者通过室内实验进一步研究优选吸附材料的再生方法及效果，以期为吸附单元的工程应用提供科学依据。

1. 磷酸盐饱和材料再生方法

在初始磷酸盐质量浓度为 0.5～0.6 mg/L 条件下，对优选吸附材料进行饱和磷酸盐吸附实验。优选吸附材料达到磷酸盐吸附饱和后，分别采用 100 mL 0.1 mol/L NaOH+3.0 mol/L NaCl，100 mL 0.5 mol/L NaOH 和 100 mL 0.1 mol/L NaOH，于温度为 25±1 ℃，转速为 100 r/min 的条件下振荡 24 h，每种再生方法重复 4 次。根据优选吸附材料的饱和吸附量，以及脱附后溶液中磷酸盐平衡浓度，计算脱附率，选择脱附条件最好的脱附剂进行再生材料的吸附实验。

2. 磷酸盐吸附材料的再生时间

室温条件下，分别称取 0.500 0 g 吸附饱和后的优选吸附材料（吸附 8 h），加入 100 mL 0.1 mol/L NaOH+3.0 mol/L NaCl 的再生溶液，将准备就绪的具塞离心管放在水浴恒温振荡器上连续振荡（25 ℃，120 r/min），分别于 1.0 h、3.0 h、4.0 h、6.0 h 和 8.0 h 取出一组离心管（每组重复 3 次），在 3 500 r/min 条件下离心 10 min，取上清液用紫外可见分光光度计测定磷酸盐的质量浓度。实验结束时上清液中的磷酸盐质量浓度为平衡磷酸盐浓度。以吸附材料平衡脱附量对时间作图即得到吸附材料脱附动力学曲线，根据脱附动力学过程确定脱附平衡时间。

3. 磷酸盐饱和再生材料的使用寿命

将再生后的优选吸附材料分别置入锥形瓶，然后加入 1 L 初始磷酸盐质量浓度为 0.5~0.6 mg/L（用 K_2HPO_4 配制）的溶液。将准备就绪的锥形瓶放在水浴恒温振荡器上连续振荡（25 ℃，120 r/min），每组重复 3 次，8 h 后在 3 500 r/min 条件下离心 10 min，取上清液用紫外可见分光光度计测定磷酸盐的质量浓度。吸附饱和的材料再利用 0.1 mol/L NaOH+3.0 mol/L NaCl 的溶液脱附，达到脱附平衡后（4 h），将吸附材料取出，再次放入初始磷酸盐质量浓度为 0.5~0.6 mg/L 的溶液中进行吸附（8 h），吸附饱和后再次利用 0.1 mol/L NaOH+3.0 mol/L NaCl 脱附（4 h）。如此往复，直至材料的吸附效率低于 10% 时，停止实验。

4.2　优选吸附材料性能

4.2.1　不同吸附材料性能对比

开展沸石、锰砂、陶粒和活性氧化铝等不同材料对磷酸盐和氨氮的吸附性能对比研究，优选出吸附单元的主要氮磷去除材料。

1. 室内实验磷酸盐吸附性能

1）吸附动力学

图 4.2.1 是沸石、锰砂、陶粒和活性氧化铝对磷酸盐的吸附动力学实验结果。从图 4.2.1 中可看出，四种吸附材料在 24 h 后均达到或接近吸附平衡，沸石、锰砂、陶粒和活性氧化铝的磷酸盐吸附量分别是 1.6 mg/kg、11.5 mg/kg、7.5 mg/kg 和 37.5 mg/kg，相应的磷酸盐吸附去除率分别为 4.00%、28.75%、18.75% 和 93.75%。4 种吸附材料的磷酸盐吸附过程随时间变化趋势相似：0~12 h 内，沸石、锰砂、陶粒和活性氧化铝的磷酸盐吸附量

持续增加，分别达到 0.86 mg/kg、10.00 mg/kg、6.50 mg/kg 和 34.00 mg/kg，12 h 后吸附基本达到平衡，磷酸盐吸附量增加不显著。磷酸盐吸附过程中，实验初期的磷酸盐吸附量持续快速增加，后又趋于不变。这是因为吸附初期，各材料所有的吸附位点空置，溶液磷酸盐质量浓度高，浓差扩散导致吸附速度较快；后来吸附位点逐渐被占据，溶液中磷酸盐质量浓度逐渐降低，吸附材料的磷酸盐吸附量随之趋于稳定。

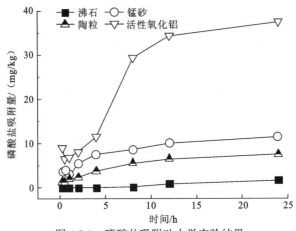

图 4.2.1　磷酸盐吸附动力学实验结果

各吸附材料对磷酸盐的吸附可认为是物理吸附、化学吸附的综合。活性氧化铝对磷酸盐的吸附以化学吸附为主，活性氧化铝主要成分为 Al_2O_3，在水中溶解后浸出阳离子，可与磷酸盐形成化学沉淀。活性氧化铝吸附磷酸盐之前表面比较致密、光滑，而吸附之后表面出现了大颗粒物质，表明化学反应产生的氢氧化铝和磷酸铝沉淀物在表面沉积。相较于活性氧化铝，锰砂在吸附后没有明显的大颗粒物形成，表面比吸附前更加致密和均匀，这说明锰砂对磷酸盐的吸附以物理吸附为主，锰砂表面含有的 Si—O—Si 键、Fe—O—Fe 键，可与极性分子（磷酸盐）形成离子交换和离子对吸附。陶粒化学吸附主要依靠其表面 Si—O—Si 键、Al—O—Al 键与具有一定极性的分子产生偶极键-偶极键的吸附，或是阴离子（如 PO_4^{3-}）与陶粒中次生的带正电荷的硅酸铝、硅酸钙等之间形成离子交换或离子对吸附（宁平　等，2002）。

2）等温吸附性能

图 4.2.2 为沸石（天然、酸改性和离子改性）、锰砂、活性氧化铝和陶粒的磷酸盐等温吸附曲线。由图 4.2.2 可知，磷酸盐吸附量随着磷酸盐平衡质量浓度增加而上升，其中活性氧化铝磷酸盐吸附量上升幅度最大。溶液中磷酸盐吸附达到平衡时，活性氧化铝、陶粒、锰砂的磷酸盐吸附量分别为 409 mg/kg、242 mg/kg 和 248 mg/kg，沸石、酸改性沸石和离子改性沸石的磷酸盐吸附量分别为 186 mg/kg、196 mg/kg 和 198 mg/kg。对沸石进行改性能略微提升其对磷酸盐的吸附能力。

吸附材料的磷酸盐吸附量主要取决于填料理化性质。对于沸石、陶粒、锰砂来说，低浓度条件下，磷酸盐与填料高吸附点位结合，随着磷酸盐初始质量浓度升高，与材料

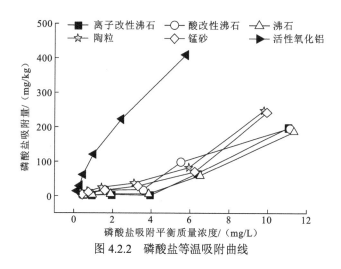

图 4.2.2 磷酸盐等温吸附曲线

中的高吸附位点结合呈现饱和后，与低吸附点位结合，最后吸附材料中的磷酸盐与溶液中的磷酸盐达到动态平衡；而活性氧化铝的吸附点位较多，在一定浓度条件下，磷酸盐吸附量随磷酸盐质量浓度提高而增加。活性氧化铝存在大量铝氧化物，在水溶液中铝氧化物又转化成氢氧化物，氢氧化铝经络合作用与溶液中 PO_4^{3-} 发生沉淀，从而对 PO_4^{3-} 产生较强吸附作用，因此，吸附材料对磷酸盐吸附能力的强弱与吸附材料中金属氧化物有着密切关系。

2. 室内氨氮吸附性能

图 4.2.3 是沸石、锰砂、陶粒和活性氧化铝的氨氮吸附动力学实验结果。从图 4.2.3 中可看出，活性氧化铝和陶粒在吸附 12 h 后即达到平衡，而锰砂和沸石在吸附 24 h 后才逐渐平衡，吸附平衡后，沸石、锰砂、陶粒和活性氧化铝的氨氮吸附量分别为 65 mg/kg、56 mg/kg、24 mg/kg 和 80 mg/kg，相应地水体中氨氮吸附去除率分别为 32.5%、28.0%、12.0% 和 40.0%。活性氧化铝在前 4 h 吸附速率很快，每小时平均吸附量达到 18.5 mg/kg；其次是沸石和锰砂，其吸附氨氮趋势较为接近，实验期间氨氮吸附量呈上升趋势，吸附

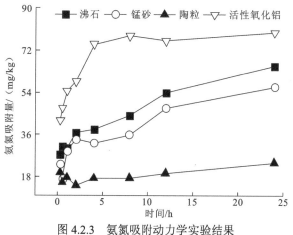

图 4.2.3 氨氮吸附动力学实验结果

时间越长，氨氮吸附量越大，陶粒对氨氮的吸附能力明显差于其余三种材料。

沸石是呈骨架状结构的铝硅酸盐晶体，沸石硅氧四面体晶体结构中的硅离子被铝离子部分置换，使得沸石骨架带有过剩的负电荷，这些过剩的负电荷通常由一价或二价阳离子（Na^+、K^+、Mg^{2+}和Ca^{2+}）所平衡，因此，溶液中氨氮的吸附作用包括物理吸附和离子交换，且以离子交换作用为主。

3. 围隔实验吸附性能

1）总磷吸附性能

通过室内实验筛选吸附效果较好的活性氧化铝和锰砂，继续开展围隔实验，具体结果见图4.2.4和图4.2.5。从图4.2.4中可看出，活性氧化铝的总磷去除率远高于锰砂。实验进行5 h后，投加活性氧化铝的围隔水体中总磷质量浓度从0.30 mg/L降低至0.21 mg/L，总磷去除率为29%，而投加锰砂的围隔总磷质量浓度从0.30 mg/L降至0.28 mg/L，总磷去除率仅为8%。

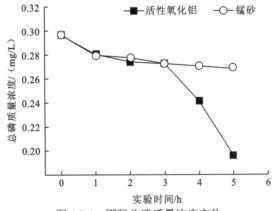

图4.2.4　围隔总磷质量浓度变化

吸附材料：2.0 kg活性氧化铝和2.0 kg锰砂

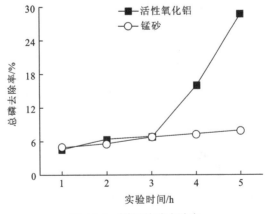

图4.2.5　围隔总磷去除率

吸附材料：2.0 kg活性氧化铝和2.0 kg锰砂

活性氧化铝的总磷吸附性能优于锰砂存在两方面原因：一方面活性氧化铝的总磷吸附量高于锰砂；另一方面室内实验锰砂采用粒径<0.25 mm 的颗粒，现场围隔实验时，锰砂采用大颗粒材料，粒径为 3～5 mm，粒径越大，对磷酸盐的吸附能力越弱。活性氧化铝是一种优异的水体除磷材料，广泛应用在污水处理及进水净化领域。活性氧化铝主要成分是 Al_2O_3，在水溶液中易形成 $Al(OH)_3$ 沉淀，具有较大比表面积，能网捕水体中磷酸盐。

2）氨氮吸附性能

图 4.2.6 是活性氧化铝和锰砂对氨氮的去除效果图。活性氧化铝对氨氮有一定吸附作用，而锰砂对氨氮几乎无吸附作用。实验过程中，活性氧化铝对氨氮在前 2 h 几乎无去除，但实验结束时氨氮质量浓度从最初 3.00 mg/L 降至 2.46 mg/L，去除率为 18%；锰砂组围隔水体中氨氮质量浓度几乎无变化，一直维持在 3.00 mg/L 左右。

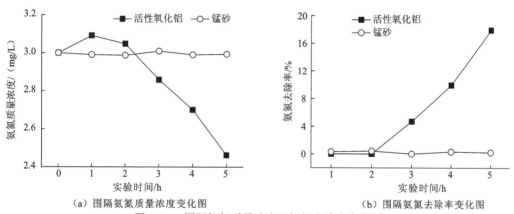

（a）围隔氨氮质量浓度变化图　　　　　（b）围隔氨氮去除率变化图

图 4.2.6　围隔氨氮质量浓度及氨氮去除率变化图

吸附材料：2.0 kg 活性氧化铝和 2.0 kg 锰砂

氨氮是水体中浮游植物比较容易吸收的藻类优先利用氮形态，对于水体发生富营养化具有重要的贡献。氨氮在水体中除被吸附外，还可以转化成其他形态的氮包括硝态氮、亚硝态氮，但硝态氮和亚硝态氮也可以通过微生物的反硝化作用生成氨氮，这可能是水体中氨氮一直维持较高质量浓度的原因。对比两种材料，活性氧化铝更适合于自然水体中氮磷污染物的去除。

3）活性氧化铝投加量的影响

图 4.2.7～图 4.2.10 分别是不同活性氧化铝投加量条件下，水体总磷和氨氮质量浓度变化情况及相应的总磷、氨氮去除率。活性氧化铝投加量显著影响水体中总磷的去除。相同总磷初始质量浓度条件下，不同投加量的活性氧化铝对水体总磷的去除表现为：前 6 h 活性氧化铝对总磷吸附较缓慢，活性氧化铝投加量为 1.5 kg 和 2.0 kg 时的总磷去除曲线几乎重合，略高于 1.0 kg 组；6 h 后，总磷吸附相对稳定，实验结束时，活性氧化铝投加量分别为 1.0 kg、1.5 kg 和 2.0 kg 的总磷去除率分别为 18.6%、21.7%和 30.7%。

随着实验的进行，氨氮质量浓度逐渐下降，但下降的幅度较总磷小。相同氨氮初始质量浓度条件下，不同投加量的活性氧化铝对水体氨氮的去除性能不同，活性氧化铝投加量分别为 1.0 kg、1.5 kg 和 2.0 kg 的氨氮去除率分别为 17.1%、11.8%和 15.7%。

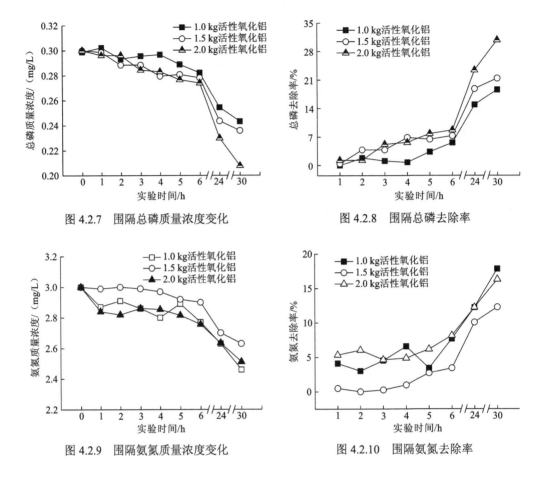

图 4.2.7 围隔总磷质量浓度变化　　　图 4.2.8 围隔总磷去除率

图 4.2.9 围隔氨氮质量浓度变化　　　图 4.2.10 围隔氨氮去除率

4.2.2 优选吸附材料的主要技术参数

笔者通过不同吸附材料性能对比研究，优选出活性氧化铝作为吸附单元的主要氮磷去除材料。活性氧化铝中的 Al 氧化物含量比较高，除一部分 Al 参与化学反应外，仍有一部分以游离态存在，包括交换性和水溶性 Al，这部分 Al 能和磷酸根离子生成不溶性磷酸盐。活性氧化铝对磷既有物理吸附，也有离子交换吸附或磷的沉积。当活性氧化铝表面吸附饱和后，还可通过晶格吸附继续增加部分磷吸附量。

通过实验获得活性氧化铝的主要吸附技术参数（质量浓度、吸附时间）和模拟移动条件下活性氧化铝的理论使用寿命。

1. 最佳质量浓度

不同活性氧化铝质量浓度条件下磷酸盐的吸附效果见图 4.2.11。从图 4.2.11 中可看出，随着吸附时间增加，1 g/L、2 g/L、4 g/L、8 g/L 和 16 g/L 活性氧化铝质量浓度条件下的磷酸盐质量浓度均呈下降趋势，实验结束时相应的各组磷酸盐质量浓度分别为 0.18 mg/L、0.21 mg/L、0.12 mg/L、0.09 mg/L 和 0.08 mg/L，相应的磷酸盐去除率分别为

64%、58%、76%、82% 和 84%，总体表现为随着活性氧化铝质量浓度的增加，磷酸盐的去除率呈增加趋势，当增加到 8 g/L 后，继续增加活性氧化铝质量浓度，磷酸盐去除率并没有显著增加。图 4.2.12 为单位质量活性氧化铝的磷酸盐吸附量情况，随着活性氧化铝质量浓度增加，单位质量活性氧化铝磷酸盐吸附量呈下降趋势，实验结束时，各实验组的单位质量活性氧化铝对磷酸盐吸附量分别为 0.323 mg/g、0.145 mg/g、0.096 mg/g、0.051 mg/g 和 0.026 mg/g。综合考虑磷酸盐去除效果和单位质量活性氧化铝磷酸盐吸附量，在吸附单元设计和原型实验中，建议选用 8 g/L 活性氧化铝。

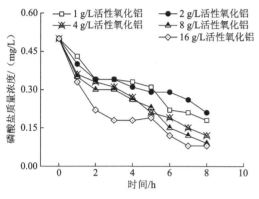

图 4.2.11　磷酸盐质量浓度随时间变化曲线　　　图 4.2.12　磷酸盐吸附量随时间变化曲线

2. 最优原位处理时间

不同活性氧化铝质量浓度条件下，溶液中磷酸盐质量平均下降速率见图 4.2.13。从图 4.2.13 中可以看出，各组的磷酸盐质量平均下降速率随时间变化趋势较为一致，前 2 h 下降速率较大，随后几小时内逐步降低并趋于稳定。各组溶液中磷酸盐质量在前 8 h 内的平均下降速率分别为 0.049 mg/h、0.050 mg/h、0.063 mg/h、0.068 mg/h 和 0.084 mg/h，

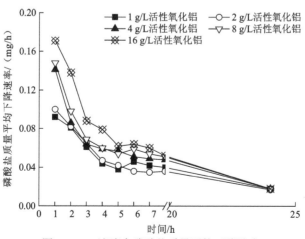

图 4.2.13　溶液中磷酸盐质量平均下降速率

到 24 h 时，各组磷酸盐质量平均下降速率均降为 0.018 mg/h。从实验结果可看出，2 h 以内活性氧化铝对磷酸盐吸附效率最高，属最有效吸附。

综合考虑磷酸盐去除效果和吸附材料对磷酸盐的吸附效率，活性氧化铝对磷酸盐的最有效作用时间为 2 h。超过 2 h，随着处理水体磷酸盐浓度下降，吸附效率降低。在吸附单元设计和原型实验时，装载活性氧化铝的吸附单元原位吸附时间建议在 2 h 以内，这样既保证吸附材料对目标污染物的处理效果，也有利于吸附材料对磷酸盐的有效去除。

3. 最长使用寿命

低浓度条件下，活性氧化铝吸附饱和后容易发生解吸。天然水体中污染物浓度相对较低，根据天然水体的实际情况，实验模拟了移动的活性氧化铝在低质量浓度磷酸盐中饱和吸附情况。图 4.2.14 和图 4.2.15 为移动的活性氧化铝在不同初始磷酸盐质量浓度（0.425 mg/L 和 0.532 mg/L）溶液中的吸附情况，从图 4.2.14 和图 4.2.15 中不难发现，在初始磷酸盐质量浓度为 0.425 mg/L 时，随着活性氧化铝吸附时间增加，溶液中磷酸盐质量浓度逐渐上升，相应地被活性氧化铝吸附的磷酸盐的量逐渐减少，到了第 8 次（64 h），

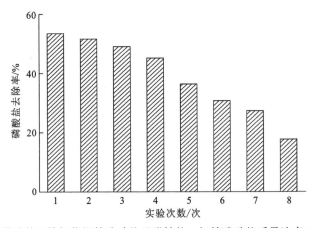

图 4.2.14 移动的活性氧化铝的磷酸盐吸附性能（初始磷酸盐质量浓度 0.425 mg/L）

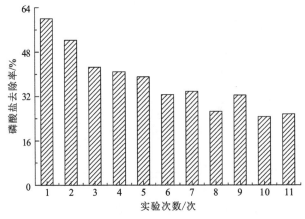

图 4.2.15 移动的活性氧化铝的磷酸盐吸附性能（初始磷酸盐质量浓度 0.532 mg/L）

磷酸盐的去除率仅为 18.00%。在初始磷酸盐质量浓度为 0.532 mg/L 时，经过 8 次吸附，磷酸盐去除率为 26.61%，可见磷酸盐吸附去除率随着初始磷酸盐质量浓度升高而增加。综合来看，在初始磷酸盐质量浓度为 0.425～0.532 mg/L 时，大约经过 8 次吸附，活性氧化铝已接近饱和，其磷酸盐吸附量为 162.0～181.5 mg/g，当达到这一吸附量时，活性氧化铝的吸附能力明显下降，在低质量浓度磷酸盐的水体中甚至会出现解吸的现象。

由于在某些水体中即使含有低质量浓度的磷酸盐也会诱发水华，如何有效地将磷酸盐质量浓度控制在极低水平已是待解决的技术难题。吸附达到平衡后活性氧化铝基本失去吸附能力，需要更换新的活性氧化铝以防解吸物质对水体造成二次污染。

4.2.3　环境因素对吸附效果的影响

环境因素如共存离子、pH、扰动和水温，均会影响活性氧化铝对磷酸盐的吸附效果。

1. 共存离子对吸附的影响

图 4.2.16 为不同物质的量浓度 NaCl 条件下，溶液中磷酸盐质量浓度随时间变化情况。从图 4.2.16 中可看出，随着共存离子 NaCl 物质的量浓度的增大，水体中磷酸盐质量浓度也逐渐增大，活性氧化铝对磷酸盐的吸附量相应减少。实验结束时，NaCl 物质的量浓度为 0.00 mol/L、0.05 mol/L、0.10 mol/L、0.20 mol/L 和 0.50 mol/L 的各组磷酸盐的质量浓度分别为 0.10 mg/L、0.16 mg/L、0.18 mg/L、0.20 mg/L 和 0.22 mg/L，加入 NaCl 显著降低了活性氧化铝吸附磷酸盐的能力。

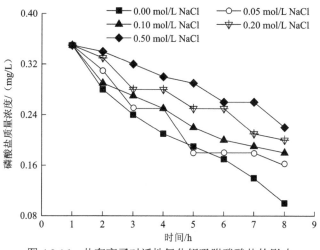

图 4.2.16　共存离子对活性氧化铝吸附磷酸盐的影响

在实际天然封闭水体净化过程中，各种共存离子的存在均可能影响吸附除磷效果。共存离子的干扰原因是多方面的，NaCl 的加入，改变了水溶液离子强度和吸附材料作用环境，吸附材料的作用效果受到相应影响。离子强度增加后，活性氧化铝的磷酸盐吸附能力明显下降，说明两者存在竞争吸附关系，其原因可能是 Cl^- 与 PO_4^{3-} 具有相同的吸附点位。

2. pH 对吸附的影响

天然水体 pH 一般在 6～9，不同 pH 条件下活性氧化铝吸附磷酸盐结果见图 4.2.17。从图 4.2.17 中可看出，pH 显著影响活性氧化铝对磷酸盐的吸附能力。在初始磷酸盐质量浓度相同的条件下，随着水体 pH 升高，磷酸盐质量浓度呈下降趋势，pH 为 6 和 7 时磷酸盐质量浓度显著高于 pH 为 8 和 9 时磷酸盐质量浓度，但当 pH 达到 8 以上时，继续增加 pH 对增加吸附效果作用不大。实验结束时，pH 为 6、7、8、9 的各组溶液的磷酸盐质量浓度分别是 0.16 mg/L、0.14 mg/L、0.09 mg/L 和 0.09 mg/L。

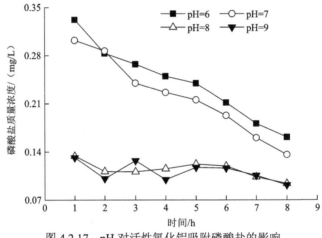

图 4.2.17　pH 对活性氧化铝吸附磷酸盐的影响

活性氧化铝对磷酸盐的吸附存在离子交换和静电吸附双重作用（王挺 等，2009）。pH 不仅改变吸附剂表面的荷电特性，而且影响溶质的离解状况和溶解性，从而对吸附量产生影响。活性氧化铝除磷效果受 pH 影响较大，在碱性条件下吸附效果较好，随 pH 升高，吸附效果明显上升，但当 pH 达到 8 以上时，再增加 pH 对吸附效果的促进作用不大。活性氧化铝吸附除磷的机理为活性氧化铝表面分子与水结合生成氢氧化铝，进而与磷酸根离子发生离子交换，生成磷酸盐沉淀。活性氧化铝固体表面的氯离子首先与配位体水分子络合，络合配位体水分子在氧化物表面发生质子迁移，形成表面羟基，羟基化的氧化物表面随着水溶液的 pH 不同，非特异性吸附 H^+ 或 OH^-，产生表面带电现象，表面所带的电荷能吸附水溶液中的磷酸根离子。

3. 扰动对吸附的影响

通过在水浴恒温振荡器中设置不同转速，包括 50 r/min、100 r/min、150 r/min 和 200 r/min，分别模拟吸附材料移动速度 0.03 m/s、0.06 m/s、0.09 m/s 和 0.12 m/s 条件下的磷酸盐吸附效果。各组磷酸盐质量浓度随时间变化情况见图 4.2.18，从图 4.2.18 中可看出，吸附材料移动速度为 0.03 m/s 和 0.12 m/s 时磷酸盐的质量浓度一直保持较高水平，另外两组磷酸盐质量浓度呈下降趋势，且 0.09 m/s 组磷酸盐质量浓度下降幅度高于 0.06 m/s 组。实验结果表明，过高或过低移动速度均不利于活性氧化铝对磷酸盐的吸附。

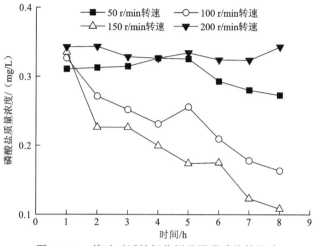

图 4.2.18　扰动对活性氧化铝吸附磷酸盐的影响

　　吸附材料的移动速度很大程度上决定了其对目标污染物的吸附效果。吸附材料以一定速度移动的过程中，与目标污染物接触的机会增多，增加其对目标污染物的吸附能力，但移动速度或扰动强度超过一定值，被吸附的目标污染物容易解吸，吸附去除效果反而不佳。因此，在吸附单元设计和原型实验时，选择合适的移动速度极为关键。扰动实验结果表明，0.09 m/s 是吸附单元的磷酸盐吸附效果较佳的移动速度。

4. 水温对吸附的影响

　　不同季节的水温存在差异，研究不同水温条件下吸附材料对目标污染物的吸附效果，有利于选择合适的季节进行水质净化，提高处理效果。不同水温条件下，各组溶液中磷酸盐质量浓度变化趋势见图 4.2.19。从图 4.2.19 中可以看出，15～25 ℃水温范围内，

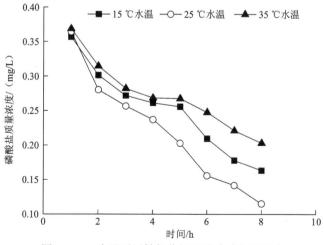

图 4.2.19　水温对活性氧化铝吸附磷酸盐的影响

磷酸盐均能很好地被活性氧化铝吸附，溶液中磷酸盐质量浓度呈下降趋势。在15～25 ℃时，活性氧化铝对水体中的磷酸盐的去除率随温度升高而增加，但水温升高至35 ℃时，磷酸盐的去除率反而降低。各组磷酸盐的浓度从高到低依次为：35 ℃组＞15 ℃组＞25 ℃组，实验结束时，相应地磷酸盐去除率分别为44%、55%和69%。水温为25℃时活性氧化铝的磷酸盐吸附去除效果最好。

水温影响吸附材料去除磷酸盐效果（高耀文 等，2012）。吸附一般是吸热或放热过程，水温高低直接影响吸附效果。温度升高一方面有利于活性氧化铝对磷酸盐的吸附，另一方面也加快了活性氧化铝对磷酸盐的脱附和释放（杨继臻 等，2010）。采用吸附单元处理天然水体时，选择常温条件下即可，过高或过低的温度均会影响处理净化效果。

4.2.4 优选吸附材料的再生方法和效果

实验结果表明活性氧化铝磷酸盐吸附效率优异，但其再生方法和再生后磷酸盐吸附效率鲜有报道。为了节约吸附单元内活性氧化铝用量，提高材料循环利用效率，笔者进一步研究了活性氧化铝的再生方法及效果，以期为吸附单元的工程应用提供科学依据。

1. 再生方法

采用 0.1 mol/L NaOH+3.0 mol/L NaCl、0.5 mol/L NaOH 和 0.1 mol/L NaOH 对吸附 8 h 后的活性氧化铝进行脱附再生，结果如表 4.2.1 所示。

表 4.2.1 不同再生溶液的活性氧化铝磷酸盐吸附及脱附效率

指标	再生溶液		
	0.1 mol/L NaOH+3.0 mol/L NaCl	0.5 mol/L NaOH	0.1 mol/L NaOH
初始磷酸盐质量浓度/（mg/L）	0.555±0.024	0.575±0.022	0.563±0.022
吸附 8 h/（mg/L）	0.207±0.023	0.203±0.010	0.190±0.014
吸附效率/%	62.65±4.45	64.72±2.12	66.34±1.85
脱附 24 h/（mg/L）	0.261±0.020	0.085±0.004	0.060±0.006
脱附效率/%	75.11±1.52	23.02±2.16	16.21±1.70

从表 4.2.1 可看出，在初始磷酸盐质量浓度为 0.500～0.600 mg/L 条件下，经过 8 h 饱和吸附，活性氧化铝的吸附效率达到 62.65%～66.34%。三种不同再生溶液对磷酸盐饱和活性氧化铝的再生效率不同，具体顺序为 0.1 mol/L NaOH+3.0 mol/L NaCl＞0.5 mol/L NaOH＞0.1 mol/L NaOH。其中，0.1 mol/L NaOH+3.0 mol/L NaCl 脱附效率最高，平均达 75.11%；与 0.1 mol/L 及 0.5 mol/L NaOH 相比，0.1 mol/L NaOH+3.0 mol/L NaCl 溶液尽管碱性稍弱，但 NaCl 的使用提高了溶液 Cl$^-$浓度，强化了 Cl$^-$与 PO$_4^{3-}$对吸附点位的竞争，进而促进了饱和活性氧化铝的脱附。

2. 再生时间

初始磷酸盐质量浓度为 0.512 ± 0.006 mg/L，经过 8 h 饱和吸附后，溶液平衡磷酸盐质量浓度为 0.185 ± 0.007 mg/L。此后选用 0.1 mol/L NaOH+3.0 mol/L NaCl 为脱附剂，分析磷酸盐饱和活性氧化铝再生动力学过程，具体见图 4.2.20。从图 4.2.20 可看出，磷酸盐脱附随着时间增加先上升，达到最大后又开始下降。总体来看，磷酸盐脱附性能在 4 h 达到最好。继续延长脱附时间后，溶液中脱附出来的磷酸盐又开始在活性氧化铝表面吸附，脱附性能反而下降。综上，采用磷酸盐饱和填料的最佳再生时间建议采用 4 h。

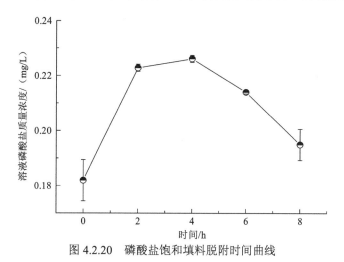

图 4.2.20　磷酸盐饱和填料脱附时间曲线

3. 再生材料使用寿命

确定最佳再生方法和再生时间后，对磷酸盐吸附饱和的活性氧化铝交替脱附和饱和吸附，根据脱附后活性氧化铝的磷酸盐吸附效率判断其再生利用价值。磷酸盐饱和填料再生后的磷酸盐吸附效率如图 4.2.21 所示。从图 4.2.21 中可看出，随着再生次数增加，活

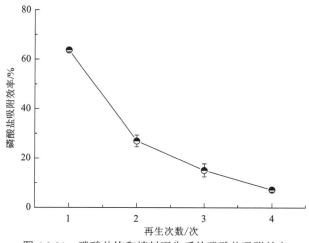

图 4.2.21　磷酸盐饱和填料再生后的磷酸盐吸附效率

性氧化铝的磷酸盐吸附效率迅速下降。平均磷酸盐吸附效率从最初的 63.73% 降至不足 10.00%。对初始磷酸盐质量浓度为 0.5 mg/L 的天然水体来说，磷酸盐吸附效率通常为 10%～20%，若以此为标准，则活性氧化铝再生后可重复利用 3 次。

4.3 新型除磷吸附材料研发

活性氧化铝对水体中磷具有良好的去除性能，但其成本较高。为了寻找更加经济可行的除磷吸附材料，本节分别以选铜尾砂和生物炭作为原材料，通过不同的改性方法制备新型吸附材料，并研究其对水体中磷的去除性能。

4.3.1 镧改性选铜尾砂除磷剂

我国铜矿业发达，每年产生大量选铜尾砂。选铜尾砂的处置和利用是一个世界性的难题，目前大多采用堆放处置，对环境和人体健康产生较大威胁（Esmaeili et al., 2020）。选铜尾砂中含有对磷酸盐具有亲和力的铝、铁、钙等物质，可作为吸附剂从水体中去除磷酸盐（Zhou et al., 2019a）。本节探索制备了一种新型的镧改性选铜尾砂除磷吸附剂，希望通过镧改性将选铜尾砂制备成一种高效的水体除磷吸附剂，从而为选铜尾砂资源化利用提供新的方案，也为富营养化水体的防治提供新的技术参考。

1. 镧改性选铜尾砂除磷剂的制备

1）旋流分级

对选铜尾砂进行水力旋流分级，通过去除粗粒径选铜尾砂进一步降低 Cu 含量，实现选铜尾砂的无害化处理，同时也保持了选铜尾砂的天然特性。旋流分级后的细粒径选铜尾砂不仅 Cu 含量更低，而且具有更小的粒径。粒径越小，比表面积越大，吸附性能越强，选铜尾砂经旋流分级后具有更好的磷吸附性能。

旋流分级工艺流程如下（图 4.3.1）：含水量约为 65% 的选铜尾砂进入高位进浆池，通过密闭的管道输送进入水力旋流分级器，选铜尾砂在旋流器中形成底流和溢流，底流

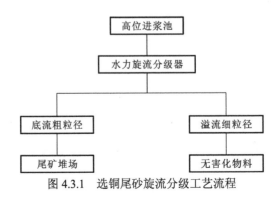

图 4.3.1 选铜尾砂旋流分级工艺流程

中的选铜尾砂为粗粒径尾砂，溢流中的选铜尾砂为细粒径尾砂，通过调整水力旋流分级器的工况参数控制选铜尾砂的粒径分级。

2）碱处理

对选铜尾砂进行旋流分级处理，主要起到了筛选粒径的作用，并未对选铜尾砂的结构产生影响，对磷的吸附性能提升有限。对旋流分级后的选铜尾砂进行碱处理，通过氢氧化钠与选铜尾砂反应将表层的 SiO_2 溶出，既增大了选铜尾砂的比表面积和孔隙率，也活化了选铜尾砂使其表面具有更多的活性基团，从而提高选铜尾砂对磷的吸附能力，碱处理同时也为下一步选铜尾砂中镧的引入提供了更多的活性位点（Ye et al.,2006）。

碱处理具体过程如下：将旋流分级后的选铜尾砂加入到氢氧化钠溶液中，搅拌使之充分反应，滤除碱液后水洗烘干。碱处理后的选铜尾砂不仅具有更好的磷吸附性能，而且一些有害物质也通过碱处理、水洗和烘干的处理过程而除去，从而降低了选铜尾砂用于除磷处理过程中对水体的污染倾向。

3）镧改性

向吸附材料中引入金属元素是提高吸附材料吸附性能的常用改性方法（Goscianska et al.,2018）。相较于常用的元素，如钙、铝、铁等，金属镧在除磷中具有显著的优势。镧是一种稀土元素，镧改性吸附剂用于除磷始于 20 世纪 70 年代，其对磷酸盐具有很强的选择吸附性，尤其是对低质量浓度磷酸盐的吸附，而且具有更广的 pH 应用范围（Yang et al.,2012）。镧改性材料也具有很好的生物适配性，不会破坏原有生态系统（Onyango et al.,2004）。向选铜尾砂中引入 $La(OH)_3$ 进行改性，可提高材料对磷的吸附性能。

镧改性具体步骤为：将旋流分级和碱处理后的选铜尾砂分散于水中，搅拌均匀后缓慢加入含一定 $La(NO_3)_3 \cdot 6H_2O$ 含量的异丙醇溶液，剧烈搅拌获得均匀的混合液；加入 NaOH 溶液直到混合液的 pH 接近 9.0；过滤，水洗，烘干。

通过上述旋流分级-碱处理-镧改性的组合工艺制备得到镧改性选铜尾砂除磷剂。

2. 改性选铜尾砂除磷剂的结构表征

1）表面形貌

图 4.3.2 给出了原始选铜尾砂和改性选铜尾砂的扫描电子显微镜（scanning electron microscope，SEM）表面形貌图。从图 4.3.2 中可以看出，选铜尾砂经碱处理后，表面形貌未发生较大变化，主体为块状岩石，表面附着有片状碎屑。镧改性后，材料表面形貌

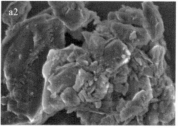

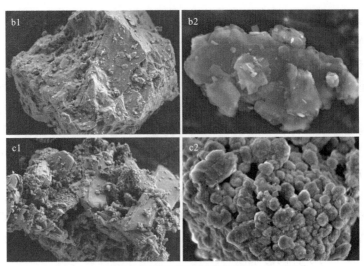

图 4.3.2　原始选铜尾砂和改性选铜尾砂 SEM 图像

a、b、c：原始选铜尾砂、碱处理选铜尾砂、镧改性选铜尾砂；1：放大倍数为 5 000，2：放大倍数为 40 000

发生了明显变化，块状岩石主体表面出现大量球状固体团聚物。球状固体团聚物的存在使材料表面出现了很多空隙，从而增加了对磷的吸附位点。

2）粒径与比表面积

原始选铜尾砂和改性选铜尾砂的粒径分布和比表面积测定结果如表 4.3.1 所示。经过碱处理和镧改性后，选铜尾砂中值粒径（D_{50}）由 33.8 μm 下降到 14.0 μm，比表面积由 351.3 m²/kg 增加到 1 252.0 m²/kg。选铜尾砂表面的二氧化硅（SiO_2）对磷没有吸附作用，通过碱处理可将其溶出，从而使选铜尾砂的比表面积和孔隙率增大，同时也为镧的添加提供了更多的活性位点，这两种作用都可以提高选铜尾砂对磷的吸附能力（Wang et al., 2015）。此外，La^{3+} 与层间阳离子的交换及 $La(OH)_3$ 在选铜尾砂表面的沉积可能进一步增加了选铜尾砂的比表面积（Huang et al., 2014）。改性后的选铜尾砂粒径较小，比表面积较大，有利于磷的吸附。

表 4.3.1　原始选铜尾砂和改性选铜尾砂的粒径分布与比表面积

样品	粒径分布/μm		比表面积/（m²/kg）
	D_{50}	D_{90}	
原始选铜尾砂	33.8	122.0	351.3
碱处理选铜尾砂	16.9	45.3	1 252.0
镧改性选铜尾砂	14.0	38.7	1 132.0

3）元素组成

采用 X 射线荧光分析仪（X-ray fluorescence analyzer，XRF）测定原始选铜尾砂和改性选铜尾砂的元素组成，结果如表 4.3.2 所示。镧改性选铜尾砂 La 的质量分数为 25.31%，而原始选铜尾砂和碱处理选铜尾砂中不含 La。这主要是因为在 $La(OH)_3$ 改性过程中，La^{3+} 可以与选铜尾砂表面阳离子交换或以多晶 $La(OH)_3$ 的形式沉积在选铜尾砂表面

（Huang et al., 2014）。镧改性选铜尾砂中 Ca、Mg、Al 和 Fe 的含量均有所下降，表明部分阳离子因与 La^{3+} 交换而丢失。

表 4.3.2 原始选铜尾砂和改性选铜尾砂的元素组成 （单位：%）

化学组成	原始选铜尾砂	碱处理选铜尾砂	镧改性选铜尾砂
O	38.06	37.80	31.11
Si	12.90	12.43	9.84
Ca	29.41	29.75	19.07
Mg	10.27	10.45	5.66
Al	2.80	2.79	2.22
Fe	3.55	3.59	3.31
La	0.00	0.00	25.31

3. 改性选铜尾砂除磷剂的吸附性能

1）吸附动力学

分别称取 0.100 0±0.000 1 g 原始选铜尾砂和改性选铜尾砂于 40 mL 离心管中；配制 10 mg/L 的 KH_2PO_4 标准溶液，分别取 25 mL 加至离心管中，在不同时间取样测定溶液中磷的含量，直至达到吸附平衡。

原始选铜尾砂和改性选铜尾砂对磷的吸附动力学曲线如图 4.3.3 所示。实验结果表明，吸附开始后的 90 min 内，3 个样品的吸附量显著增大，随后逐渐趋于平衡，在吸附进行 120 min 后达到吸附平衡。此条件下 3 个样品的平衡吸附量分别为 340.59 mg/kg、702.78 mg/kg 和 2 248.07 mg/kg，表明对初始选铜尾砂进行碱处理和镧改性可以有效提高磷吸附量。对吸附动力学数据进行线性拟合，相关常数如表 4.3.3 所示。从拟合结果可知，3 种材料对磷的吸附更符合准二级动力学模型，说明吸附过程为化学吸附。

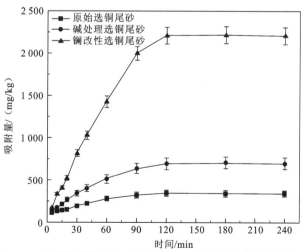

图 4.3.3 原始选铜尾砂和改性选铜尾砂对磷的吸附动力学曲线

表4.3.3 原始选铜尾砂和改性选铜尾砂对磷的吸附动力学参数

样品	q_e/(mg/g)	准一级动力学模型			准二级动力学模型		
		k_1/(min^{-1})	q_e/(mg/g)	R^2	k_2/[g/(mg·min)]	q_e/(mg/g)	R^2
原始选铜尾砂	340.59	0.033	221.34	0.936 7	0.000 17	323.56	0.986 9
碱处理选铜尾砂	702.78	0.028	496.56	0.963 9	0.000 60	692.78	0.997 4
镧改性选铜尾砂	2 248.07	0.026	1 906.31	0.944 8	0.000 69	2 235.53	0.998 1

准一级动力学和准二级动力学方程如下所示（Gupta et al., 2011）。

准一级动力学方程：
$$\lg(q_e - q_t) = \lg q_e - \frac{k_1 t}{2.303}$$
(4.3.1)

准二级动力学方程：
$$\frac{t}{q_t} = \frac{1}{q_e^2 k_2} + \frac{t}{q_e}$$
(4.3.2)

式中：t为吸附时间，min；q_t为t时刻的吸附量，mg/g；q_e是平衡时的吸附量，mg/g；k_1为准一级反应速率常数，min^{-1}；k_2为准二级反应速率常数，g/(mg·min)。

2）等温吸附性能

分别称取$0.100\ 0 \pm 0.000\ 1$ g原始选铜尾砂和改性选铜尾砂于40 mL离心管中；分别向离心管中加3 mg/L、6 mg/L、10 mg/L、15 mg/L、25 mg/L的KH_2PO_4标准溶液各25 mL，在设定温度（26±1 ℃）条件下放置于水浴恒温振荡器中振荡（150 r/min）；在平衡时间点取样，并测定溶液中磷的含量。根据等温吸附线计算最大吸附量。

原始选铜尾砂和改性选铜尾砂对磷的等温吸附曲线如图4.3.4所示。用朗缪尔（Langmuir）和弗罗因德利希（Freundlich）模型对等温吸附数据进行拟合，拟合各参数见表4.3.4。Langmuir模型拟合得到的相关系数高于Freundlich模型，表明三种材料对磷的吸附过程为单分子层吸附（Zhou et al., 2019a）。原始选铜尾砂、碱处理选铜尾砂和镧改性选铜尾砂样品的磷最大平衡吸附量（q_m）分别为737.04 mg/kg、1 432.68 mg/kg和

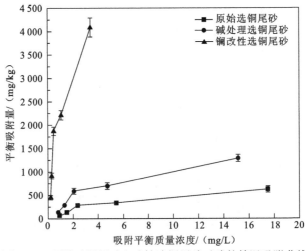

图4.3.4 原始选铜尾砂和改性选铜尾砂对磷的等温吸附曲线

表 4.3.4　原始选铜尾砂和改性选铜尾砂对磷的吸附动力学参数

样品	Langmuir 模型			Freundlich 模型		
	q_m/（mg/g）	K_L/（L/mg）	R^2	n	K_F/(mg/kg)	R^2
原始选铜尾砂	737.04	2.980 0	0.993 6	1.520	714.70	0.988 0
碱处理选铜尾砂	1 432.68	1.310 0	0.993 1	1.610	1 227.41	0.978 2
镧改性选铜尾砂	7 078.43	0.412 3	0.987 7	3.966	3 965.21	0.919 9

7 078.43 mg/kg，表明镧改性显著提高了选铜尾砂对磷的吸附能力。与文献中报道的其他镧改性吸附剂除磷相比（Zhao et al.,2001），镧改性选铜尾砂对磷的最大吸附量与锁磷剂接近（10.20 mg/g）。

Langmuir 和 Freundlich 的等温吸附模型线性方程如下（Gerente et al.,2007）。

Langmuir 模型
$$\frac{C_e}{q_e}=\frac{1}{q_m K_L}+\frac{C_e}{q_m} \tag{4.3.3}$$

Freundlich 模型
$$\lg q_e=\lg K_F+\frac{1}{n}\lg C_e \tag{4.3.4}$$

式中：C_e 为吸附平衡时的磷酸盐质量浓度，mg/L；q_e 为吸附平衡时的吸附量，mg/g；q_m 为最大吸附量，mg/g；K_L 为 Langmuir 常数，L/mg；K_F 为 Freundlich 常数，mg/g；n 为经验常数。

4. 镧改性选铜尾砂除磷剂的浸出毒性

参照《固体废物浸出毒性浸出方法水平振荡法》（HJ557—2009）和《固体废物浸出毒性浸出方法硫酸硝酸法》（HJ/T299—2007），对镧改性选铜尾砂浸出液中的主要有害金属元素（Cu、Pb、Zn、Cd、Hg、Cr、Fe、Mn、Ni、Se、Ba、Be、As）质量浓度进行分析，结果如表 4.3.5 所示。

表 4.3.5　镧改性选铜尾砂浸出液中金属元素质量浓度　　　　（单位：μg/L）

元素指标	浸出液 1 （镧改性选铜尾砂+纯水）	浸出液 2 （镧改性选铜尾砂+浓硫酸及浓硝酸）	Ⅲ类水质标准
Be	ND[a]	ND[a]	2.00[*]
Cr	ND[b]	ND[b]	50.0
Mn	2.8	22.3	100.0[*]
Fe	126.4	248.2	300.0[*]
Ni	0.7	1.6	20.0[*]
Cu	3.6	30.3	1 000.0
Zn	17.6	16.6	1 000.0
As	0.4	0.7	50.0

元素指标	浸出液 1（镧改性选铜尾砂+纯水）	浸出液 2（镧改性选铜尾砂+浓硫酸及浓硝酸）	III类水质标准
Se	1.0	0.5	10.0
Cd	0.1	0.1	5.0
Ba	6.6	18.9	700.0*
Hg	ND^c	ND^c	0.10
Pb	0.1	0.3	50.0

注：ND^a 表示检测值低于检出限 0.04 μg/L，即未检出；ND^b 表示检测值低于检出限 4.0 μg/L，即未检出；ND^c 表示检测值低于检出限 0.01 μg/L，即未检出；"*"表示该值为《地表水环境质量标准》(GB 3838—2002) 的标准限值。

（1）以纯水和浓硫酸及浓硝酸作为浸提剂时，浸出液中检测到多种金属元素。以浓硫酸及浓硝酸作为浸提剂时金属元素浸出浓度明显高于纯水作为浸提剂时的金属元素浸出浓度（Zn、Se、Be、Cr、Cd、Hg 除外）。

（2）以纯水和浓硫酸及浓硝酸作为浸提剂时，镧改性选铜尾砂浸出金属元素均满足《地表水环境质量标准》(GB 3838—2002) III 类水质标准。

综上所述，镧改性选铜尾砂除磷剂具有良好的吸附性能，而且使用过程中不会造成水体二次污染。镧改性选铜尾砂除磷剂用于吸附除磷处理后，由于其含有丰富的磷元素，且其对生态系统无不良影响，可作为植物肥料回收利用。

4.3.2 生物炭除磷剂

生物炭作为一种经济、高效、环境友好的新型吸附材料，借助于其表面独特的孔隙结构，可以有效地去除废水中的污染物（Shaheen et al., 2019）。而 Mg、Al、Fe 等金属改性生物炭通过负载在生物炭表面的金属氧化物，克服生物炭表面负电性的缺点，与 PO_4^{3-} 形成单核、双核和三核配合物，并通过弱化学键沉积到生物炭表面，大大提高了对 PO_4^{3-} 的吸附性能（Jiang et al., 2019）。其中复合金属对生物炭的改性也成为近年来的研究热点，研究较多的是对高浓度废水中磷的去除，如 MgAl 改性的大豆秸秆生物炭对磷的吸附是未改性生物炭的 21 倍（Yin et al., 2018）；CaMg 改性的烟草茎生物炭通过负载在表面的 MgO 和 Mg(OH)$_2$ 等，对 PO_4^{3-} 的吸附是未改性生物炭的 13.9～49.7 倍（Yi et al., 2018）；MgAl 改性的生物炭复合材料对磷酸盐的吸附高于 MgFe 改性的生物炭复合材料，且远远大于未改性的生物炭材料（Wan et al., 2017）。FeMn 复合改性也是较为常见的金属改性方式，改性后的生物炭的吸附能力大大增强（郑晓青 等，2018），但 FeMn 复合改性生物炭对磷的吸附尤其是对低浓度磷的吸附却鲜见报道。

采用浸渍法负载 Fe/Mn 盐对果壳生物炭进行改性，模拟其对天然水体低浓度磷的吸附。果壳生物炭原料廉价易得，改性方法操作简单。通过探索低浓度磷的高效吸附剂，可为天然水体和污水处理厂去除低浓度磷提供有效的理论基础和实践基础。

1. 生物炭除磷剂的制备

果壳生物炭是由杏壳在高温无氧条件下热解而成，具有硬度高，耐酸碱的特性。将果壳生物炭用去离子水清洗干净，去除果壳生物炭表面的灰分等杂质，并于 358 K 烘箱中烘干至恒重。将干净的果壳生物炭粉碎，过筛（100 目）备用，得到果壳生物炭（biochar, BC）粉末。将过筛后的果壳生物炭粉末分别浸泡在一定浓度的 $FeCl_3$、$KMnO_4$ 及不同比例的铁锰混合盐溶液中，48 h 后过滤，洗涤至滤液无色呈中性，最后在 378 K 烘箱中烘干至恒重，得到不同的改性生物炭，即为生物炭除磷剂。铁改性生物炭、锰改性生物炭、铁锰复合改性生物炭分别简写为 Fe-BC、Mn-BC、FeMn-BC。

2. 生物炭除磷剂结构表征

使用扫描电子显微镜比较改性前后的果壳生物炭表面结构的变化，结果见图 4.3.5。未改性的果壳生物炭表面比较光滑，基本无颗粒状负载；Fe-BC 表面有少量的颗粒状负载；Mn-BC 表面变化较为明显，表面形成了许多不均匀分布的较小颗粒物质；FeMn-BC表面变化十分显著，表面呈现杂乱无序的排列状态，粗糙且出现不规则的孔隙，许多颗粒负载在果壳生物炭表面。

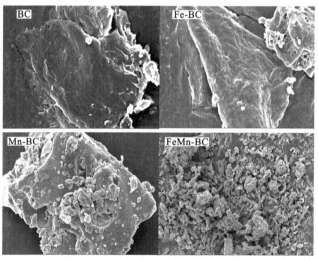

图 4.3.5　改性前后果壳生物炭电镜图

果壳生物炭改性前后的傅里叶红外光谱图见图 4.3.6。从图 4.3.6 中可以看出，未改性的果壳生物炭只有在 1 560 cm^{-1} 和 1 110 cm^{-1} 处有较宽的振动峰；而 FeMn-BC 在 3 400 cm^{-1}、1 620 cm^{-1}、1 110 cm^{-1} 和 530 cm^{-1} 处有较强的振动峰，其中 1 600～1 700 cm^{-1} 处的峰为羰基和芳香环的伸缩振动产生，1 100 cm^{-1} 的尖峰处的吸收被认为是 Fe—OH 的伸缩振动产生，3 400 cm^{-1} 处的峰通常也被认为是羧基、酚羟基或水分子中的—OH 键的伸缩振动产生，说明改性后果壳生物炭表面羟基的数量增加，或许因为制备过程中未经过高温，氢氧化铁中的水分子并未完全脱去，以铁的氢氧化物和铁的氧化物形式混合存在,与文献报道的 Fe-BC 负载在生物炭表面的铁主要以氢氧化铁形式存在相一致(Rahimi et al.,2015)。此外,530 cm^{-1} 处为 Mn—O 伸缩振动引起,说明改性生物炭表面具有锰氧化合物(Zhong et al.,2019)。FeMn 复合对果壳生物炭改性后,果壳生物炭表面增加了铁锰氧化物和铁氢氧化物的混合物,与果壳生物炭改性前后扫描电子显微镜变化一致,从而可以大大提高果壳生物炭对磷的吸附性能。

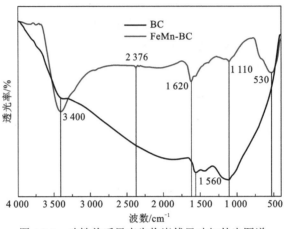
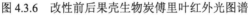

图 4.3.6　改性前后果壳生物炭傅里叶红外光图谱

3. 生物炭除磷剂的吸附性能

1）铁锰改性比例对磷吸附性能的影响

取 3 g 处理后的果壳生物炭于锥形瓶中,加入 150 mL FeCl$_3$ 与 KMnO$_4$ 混合溶液,两者物质的量浓度比分别为 0.050 mol/L：0.000 mol/L、0.000 mol/L：0.050 mol/L、0.050 mol/L：0.050 mol/L、0.025 mol/L：0.050 mol/L 和 0.050 mol/L：0.025 mol/L,按照上述实验步骤对果壳生物炭进行改性。将改性后的果壳生物炭分别作用于 50 mL 0.5 mol/L 的初始磷酸盐溶液,探索对其吸附的差异性。不同铁锰比例改性生物炭对吸附 PO$_4^{3-}$ 的影响结果见图 4.3.7。

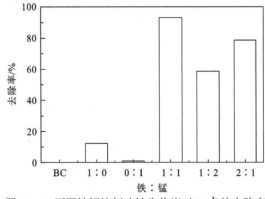

图 4.3.7　不同铁锰比例改性生物炭对 PO$_4^{3-}$ 的去除率

从图 4.3.7 中可以看出，未改性生物炭对 PO_4^{3-} 基本不吸附，有轻微的磷释放。铁改性生物炭对 PO_4^{3-} 的去除率为 12.36%，锰改性生物炭对 PO_4^{3-} 的去除率为 0.86%，铁锰复合改性生物炭对 PO_4^{3-} 的去除效果远远大于未改性生物炭或者铁改性生物炭和锰改性生物炭的去除效果。其中铁：锰比例为 1：1 的改性生物炭对 PO_4^{3-} 的去除率高达 93.24%，去除效果优于铁：锰比例为 2：1 和 1：2 的去除效果。本书后续研究选择铁：锰比例 1：1 为铁锰复合改性生物炭的最佳比例（孙婷婷 等，2020）。

2）吸附动力学

分别取 0.1 g 的 FeMn-BC 到锥形瓶中，加入 200 mL 不同质量浓度的初始磷酸盐溶液，于 298 K、150 r/min 下恒温振荡，振荡一定时间后快速取样，用 0.45 μm 滤膜过滤后测溶液中磷酸盐质量浓度。研究改性生物炭对 PO_4^{3-} 的吸附动力学，分别用准一级动力学方程和准二级动力学方程进行拟合。改性生物炭对 PO_4^{3-} 的吸附随时间的变化如图 4.3.8 所示。

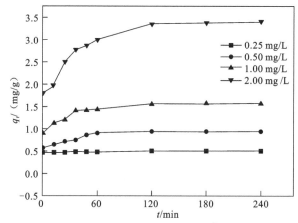

图 4.3.8　FeMn-BC 对不同质量浓度 PO_4^{3-} 的吸附动力学

从图 4.3.8 中可以看出，不同 PO_4^{3-} 初始质量浓度下 PO_4^{3-} 吸附量随着时间的变化约在 60 min 后趋于平衡。在 PO_4^{3-} 初始质量浓度为 0.25 mg/L 时，吸附迅速达到平衡；PO_4^{3-} 初始质量浓度为 0.50 mg/L、1.00 mg/L 和 2.00 mg/L 时，约在 60 min 后吸附趋于平衡，且平衡时 PO_4^{3-} 的吸附量随着 PO_4^{3-} 初始质量浓度的增大而增加。不同的 PO_4^{3-} 初始质量浓度条件下，吸附的初始阶段速率较快，吸附曲线比较陡峭，且初始质量浓度越高，吸附曲线变化就越明显。随着时间的延长，吸附逐渐趋于平衡，吸附曲线变化较为平缓。这是因为 PO_4^{3-} 初始质量浓度越大，液-固传质推动力越大，PO_4^{3-} 更容易被送入生物炭表面活性位点进行吸附，随着时间的延长，改性生物炭表面的活性位点被 PO_4^{3-} 不断占据，吸附速率开始逐渐减慢，当改性生物炭表面的活性位点趋于饱和时，PO_4^{3-} 就无法被吸附，从而达到吸附平衡。

不同拟合动力学方程各参数结果见表 4.3.6。从表 4.3.6 中可以看出，准二级动力学方程相关系数 R^2 均大于 0.900 0，对实验数据具有更好的拟合效果，说明生物炭除磷剂对 PO_4^{3-} 的吸附主要以化学吸附为主。表 4.3.6 中还可以看出 PO_4^{3-} 质量浓度为 0.50 mg/L 时，FeMn-BC 的吸附速率常数 k_2 高于 PO_4^{3-} 质量浓度为 1.00 mg/L 和 2.00 mg/L 时的 k_2，这也说明 FeMn-BC 对 PO_4^{3-} 的吸附能力可能与吸附点位有关，低质量浓度的 PO_4^{3-} 溶液中，吸附剂的吸附点位充足，可保证 PO_4^{3-} 进入吸附点位，而高质量浓度的 PO_4^{3-} 溶液中，生物炭的吸附点位有限，吸附逐渐趋于饱和状态，吸附速率降低，吸附能力减弱（郑晓青 等，2018）。

表 4.3.6   FeMn-BC 对 PO_4^{3-} 动力学方程参数值

C/ (mg/L)	q_e/ (mg/g)	准一级动力学模型			准二级动力学模型		
		q_e/ (mg/g)	k_1/min^{-1}	R^2	q_e/ (mg/g)	k_2/[g/ (mg·min)]	R^2
0.50	0.964 7	0.937 2	0.040 7	0.767 4	0.973 8	0.116 4	0.909 1
1.00	1.577 2	1.567 6	0.069 3	0.888 8	1.649 1	0.069 8	0.968 6
2.00	3.367 9	3.365 4	0.047 3	0.868 3	3.612 4	0.021 5	0.949 8

注：q_e 是平衡时的吸附量，mg/g；k_1 为准一级反应速率常数，min^{-1}；k_2 为准二级反应速率常数，g/(mg·min)。

3）等温吸附性能

分别取 0.1 g 的 FeMn-BC 到锥形瓶中，加入 200 mL 不同质量浓度的初始磷酸盐溶液，分别在不同的温度下，转速为 150 r/min 恒温振荡 5 h，用 0.45 μm 滤膜过滤后测溶液中磷酸盐质量浓度。不同温度下的吸附等温线见图 4.3.9。

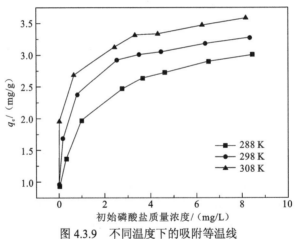

图 4.3.9   不同温度下的吸附等温线

由图 4.3.9 中可以看出，FeMn-BC 的平衡吸附量随着初始磷酸盐溶液质量浓度增加先增加，后趋平缓，这与生物炭表面可吸附利用位点数量比率有关（Hou et al.,2016）。随着温度的增加，不同初始磷酸盐质量浓度下的吸附量也在增加，说明温度升高有助于FeMn-BC 吸附磷酸盐。随着初始磷酸盐溶液质量浓度的增加，平衡时磷酸盐的吸附量不断提高，这是因为溶液的初始质量浓度为克服液相-固相之间的传质阻力提供了重要的推动力，故高质量浓度磷酸盐较易去除，低质量浓度的磷酸盐很难去除。

采用 Langmuir 方程和 Freundlich 方程对实验数据进行拟合，拟合各参数见表 4.3.7。从表 4.3.7 中可以看出，q_m、k_L 和 k_F 值随温度升高而增大，说明 FeMn-BC 的平衡吸附量和吸附速率随温度升高而增大。Freundlich 方程拟合相关性（R^2＞0.900 0）优于 Langmuir

方程的相关性，Freundlich 方程可以更好地反映出 FeMn-BC 对磷酸盐的吸附行为，说明该吸附过程属于多分子层吸附（孙婷婷 等，2020；陈靖 等，2015）。Freundlich 方程中，n 指的是吸附剂本身的吸附特性，代表吸附的强度系数。一般 n 越大，吸附性能越强（易蔓 等，2019）。

表 4.3.7　不同温度下的吸附等温线拟合参数

热力学温度/K	Langmuir 模型			Freundlich 模型		
	q_m / (mg/g)	k_L / (L/mg)	R^2	k_F	n	R^2
288	2.939 8	2.825 9	0.840 7	1.917 7	4.480 3	0.990 0
298	3.108 0	8.747 4	0.893 0	2.335 9	5.580 7	0.971 7
308	3.290 1	52.770 4	0.901 4	2.729 5	7.138 3	0.926 6

注：q_m 为最大平衡吸附量，mg/g；k_L 为 Langmuir 常数，L/mg；k_F 为 Freundlich 常数；n 为经验常数。

综上所述，改性生物炭对富营养化水体中低质量浓度磷酸盐具有良好的吸附性能，使用过程中不会造成水体二次污染。吸附后的改性生物炭含有微量的铁、锰及丰富的磷元素，可以促进植物生长，可用作缓释肥或土壤改良剂。

4.4　本章小结

笔者通过吸附单元的室内实验和现场围隔实验研究，从市售吸附材料中筛选出活性氧化铝作为高效氮磷吸附材料；以废弃物选铜尾砂和果壳生物炭为原料，自主研发了新型除磷剂功能吸附材料；提出了吸附单元应用于移动式水质净化系统的基本设计参数，主要结论如下。

（1）活性氧化铝和锰砂适合用作吸附去除低质量浓度总磷和氨氮。现场围隔实验发现，活性氧化铝投加量越高，总磷去除率越高；但增加活性氧化铝投加量对提高氨氮去除率不明显。水温为 25 ℃时活性氧化铝对水体磷酸盐的去除效果最好。

（2）活性氧化铝对天然水体磷酸盐的临界吸附时间为 64 h，磷吸附量阈值为 162.0～181.5 mg/g。共存离子会降低活性氧化铝对磷酸盐的吸附能力。活性氧化铝吸附磷酸盐的能力随 pH 升高明显增强。

（3）吸附材料的移动速度影响其对目标污染物吸附效果；0.09 m/s 是吸附单元去除磷酸盐比较理想的移动速度。

（4）通过旋流分级、碱处理和镧改性的组合工艺制备选铜尾砂除磷剂，对磷酸盐的最大吸附量为 7 078.43 mg/kg，与锁磷剂的吸附能力相当。通过浸渍法负载 Fe/Mn 盐对果壳生物炭进行改性，制备的生物炭除磷剂对磷酸盐的去除效果良好。

第 **5** 章

微电流电解抑藻技术

本章基于蓝藻水华生长的"四阶段"理论，开展微电流电解抑藻技术研究，旨在掌握微电流电解抑藻技术的最佳工艺参数，阐明微电流电解过程中活性物质对抑藻的贡献，揭示微电流电解技术的抑藻机理，为湖库藻类治理提供科学依据。

5.1 实 验 设 计

5.1.1 微电流电解抑藻技术参数研究

1. 实验装置

（1）室内小试实验装置。实验装置为体积 100 mL 的烧杯，采用板状电极材料，电极有效工作面积为 2.5 cm×5.5 cm，极板间距 3 cm。电解过程中采用磁力搅拌器对藻液进行匀速搅拌。采用直流稳压电源供电，通过调节直流稳压电源使电化学反应在一定电流密度下进行，室温控制在 25 ℃左右。实验装置如图 5.1.1 所示。

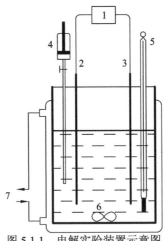

图 5.1.1 电解实验装置示意图

1—直流电源；2—阳极；3—阴极；4—取样阀；5—温度计；6—磁力搅拌器；7—恒温调节器

（2）室内放大实验装置。室内放大实验装置为 0.50 m×0.35 m×0.30 m 的整理箱，向其注入 40 L 自来水，加入一定量的 BG-11 培养基组分和藻液，使水体内人工配制好的含藻溶液具有一定的初始浓度，溶液初始 pH 为自然水体 pH。采用板状电极材料，电极有效工作尺寸为 50 cm×15 cm，极板间距 2 cm。采用直流稳压电源（30 V/5 A，30 V/10 A）供电，通过调节直流稳压电源使电化学反应在一定电流密度下进行。实验装置如图 5.1.2 所示。

（3）野外自然水体验证实验装置。野外验证实验采用长×宽×高为 1 m×2 m×1 m 的围隔，采用恒流泵注入 1.2 t 自然湖泊水，在已知湖泊原始水质前提下，加入一定量的磷酸氢二钾和氯化铵，使围隔内人工配制好的磷酸盐、氨氮质量浓度为 0.3 mg/L 和 3.0 mg/L，溶液初始 pH 为自然水体 pH，投加一定量的藻液，使围隔中初始藻细胞密度为 $1×10^4$ 个/L。采用板状电极材料，电极有效工作尺寸为 50 cm×15 cm，极板间距 2 cm。采用直流稳压电源（30 V/10 A）供电，调节直流稳压电源使电化学反应在一定电流密度下进行。

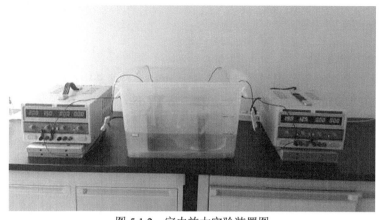

图 5.1.2　室内放大实验装置图

2. 藻的培养

实验所用的铜绿微囊藻（*Microcystis aeruginosa*）购自中国科学院水生生物研究所，编号为 FACHB-905。采用 BG-11 培养基进行培养（BG-11 培养基的配制见表 5.1.1），培养条件为：25 ℃，光照强度为 2 000 lx，光暗比为 14∶10。将铜绿微囊藻培养至对数生长期后开始实验。BG-11 培养基按配方配好后置于高压灭菌锅中灭菌 30 min 后保存待用。

表 5.1.1　BG-11 培养基的配制

编号	成分	取用量/（mL/L）	贮备液/（g/L）
（1）	$NaNO_3$	100	15.00
（2）	K_2HPO_4	10	4.00
（3）	$MgSO_4 \cdot 7H_2O$	10	7.50
（4）	$CaCl_2 \cdot 2H_2O$	10	3.60
（5）	$C_6H_8O_7$	10	0.60
（6）	$C_6H_{11}FeNO_7$	10	0.60
（7）	$EDTANa_2$	10	0.10
（8）	Na_2CO_3	10	2.00
（9）	A5 微量金属溶液	1	2.86（H_3BO_3）
			1.86（$MnCl_2 \cdot 4H_2O$）
			0.22（$ZnSO_4 \cdot 7H_2O$）
			0.39（$Na_2MoO_4 \cdot 2H_2O$）
			0.08（$CuSO_4 \cdot 5H_2O$）
			0.05［$Co(NO_3)_2 \cdot 6H_2O$］

注：溶液配制好定容后，若溶液 pH 为 7.1～7.3，则不用调 pH；否则用 1 mol/L NaOH 或 HCl 调节 pH 为 8.0。

3. 实验方法

1）实验室小试实验

将培养至对数生长期的铜绿微囊藻接种于 BG-11 培养基中，配成一定初始细胞密度的藻液。每次取 100 mL 细胞密度约为 $1×10^6$ 个/mL（680 nm 吸收波长测定的光密度 OD_{680} 为 0.043）的藻液倒入反应器中进行电解处理。

处理后对样品进行取样分析，将测定结果标记为第 0 d 的结果。为了解经过电解处理后的藻细胞能否继续生长，将处理后的藻液放入光照培养箱中培养，对培养第 2 d、4 d、6 d、8 d 和 15 d 的藻液进行取样，测定藻液的光密度、叶绿素 a 和 pH 等，将未经处理的藻液作为对照样。样品每天手摇 3 次，并随机变换其在光照培养箱中的摆放位置。所有实验重复 3 次。实验所用的所有玻璃器皿均经高压灭菌后使用。

2）室内放大实验

整理箱中注入 40 L 自来水，按照 BG-11 培养基组分比例加入一定量的培养基及对数生长期的藻液，使初始藻细胞密度控制在 $5×10^4$ 个/L，$1×10^5$ 个/L，$1×10^6$ 个/L，设置电流密度分别为 6 mA/cm²、9 mA/cm²、12 mA/cm²，电解时间分别为 0.0 h、0.5 h、1.0 h、1.5 h、2.0 h。

每次处理结束后都立即取样 100 mL，采用叶绿素荧光仪测定藻样的叶绿素荧光动力学参数[光系统 II 的最大光化学量子产量 F_v/F_m、有效光学量子产量 Y(II)、非调节性能量耗散量子产量 Y(NO)、光合电子传递速率（photosynthetic electron transport rate，ETR）等]，并将藻样放入光照培养箱中培养，对培养第 2 d、4 d、6 d、8 d 的藻液进行荧光参数测定。根据这些参数变化来分析判断不同条件下电解对藻液的光合活性的影响。

3）野外自然水体验证实验

实验采用长×宽×高为 1 m×2 m×1 m 的围隔，电解过程中，在 0 h、1 h、2 h 分别取样 100 mL，采用叶绿素荧光仪测定藻液的叶绿素荧光动力学参数[F_v/F_m、Y(II)、Y(NO)、ETR 等]，并将采样藻液放入光照培养箱中培养，对培养第 2 d、4 d、6 d、8 d 的藻液进行荧光参数测定。根据这些参数变化来分析判断野外环境下电解对铜绿微囊藻的杀灭情况。

4. 分析方法

藻细胞密度的测定：采用血球计数板（16×25，2 个计数室）在普通光学显微镜下直接计算细胞数目。具体为：取 1 mL 蓝藻藻液，如浓度过高，应适当稀释，稀释以每大格（一大格内含 16 小格）内约有 5～10 个细胞为宜；用擦镜纸把计数板擦净，加上盖玻片，在显微镜下观察，确认每小格内不含有残留的蓝藻细胞或其他沉淀物；用微量移液器取一滴摇匀的蓝藻藻液，置于盖玻片的边缘，使其自行渗入，多余的藻液用吸水纸吸去，计数室内不得有气泡；静置 5 min 后，先用较低倍数的物镜找出小方格网，然后再转换成高倍数物镜观察并计数；计数时，对 50 个大格（25×2）均进行计数，将 50 个大格内所有的藻细胞进行相加，得到的总和以 A 计。藻细胞密度的计算公式为：藻细胞密度(个/mL) = (A/2)×10^4×稀释倍数。

藻液光密度值的测定：采用藻液的光密度值来间接表示藻细胞的生物量。采用紫外可见分光光度计对含藻溶液进行波长扫描，将 63.30～690.00 nm 的最大吸收波长作为光密度测定的吸收波长。经过紫外可见分光光度计扫描测定，选定 680 nm 作为光密度测定的吸收波长。

pH 的测定：测定藻液 pH 之前，先采用 pH 为 4.01、6.86 和 9.18 的标准溶液对 pH 计进行校准，然后进行藻液的 pH 测定。

叶绿素 a 的测定：样品采用 GF/FC 滤纸抽真空过滤，滤纸采用 3.3 mL 90%的乙醇萃取。

光密度（optical density，OD）的测定：将萃取液在 73.30 nm、630.00 nm、643.30 nm、663.00 nm 处测定紫外吸光度。

叶绿素荧光动力学参数的测定：采用多激发波长调制叶绿素荧光仪（Multi-Color-PAM）测定藻液的相关叶绿素荧光动力学参数。

5.1.2　微电流电解对藻类光合特性的影响机理

1. 实验装置

在体积为 100 mL 的烧杯中采用板状电极材料进行电解，阳极为钌钛电极、阴极为不锈钢电极。电极有效工作面积为 2.5 cm×5.5 cm，极板间距为 4 cm。电解过程中使用磁力搅拌器匀速搅拌藻液。电解采用直流稳压电源（30 V/5 A）供电，通过调节电源将电化学反应控制在一定电流密度或电压下进行。控制室温为 25 ℃左右。实验所用的玻璃容器使用前均经高压灭菌处理。

2. 实验对象

实验所使用的铜绿微囊藻藻种来自中国科学院水生生物研究所（编号 FACHB-905）。藻液的培养采用 BG-11 培养基，培养条件如下：温度为 25 ℃，光暗比为 14：10，光照强度为 2 000 lx。将铜绿微囊藻培养至对数生长期后开始实验。

3. 分析方法

叶绿素荧光参数采用多激发波长调制叶绿素荧光仪进行测定。具体荧光参数包括：光系统 II 的最大光化学量子产量 F_v/F_m、有效光学量子产量 Y(II)、非调节性能量耗散量子产量 Y(NO)、光合电子传递速率 ETR、初始荧光 F_o 及光化学淬灭系数 qL。光系统 II 的最大光化学量子产量（photosynthesis，PS II）能反映细胞的生存能力。实际有效光学量子产量 Y(II)表示在光适应下光系统 II 的光能捕获效率。非调节性能量耗散的量子产量 Y(NO)是光学损伤的一个重要指标。叶绿素荧光参数是藻类损伤的敏感生物指标，F_v/F_m 和 Y(II)减少到几乎为 0 和 Y(NO)增加到 1 都意味着藻类细胞已经被不可逆转地破坏。

4. 数据分析

采用单因素方差分析法对不同电流密度下铜绿微囊藻藻液的叶绿素荧光动力学参数的差异显著性进行分析，显著性水平设为 $p < 0.05$。

5.1.3 微电流电解生成活性物质对抑藻的贡献

1. 实验装置

采用间歇式反应器进行电化学处理，其示意图如图 5.1.3 所示。反应器采用容积为 100 mL 的玻璃烧杯，采用 $Ti-RuO_2$ 阳极和不锈钢阴极。电极的尺寸大致相同，均为 2.5 cm×7.5 cm，浸在藻液中的面积为 13.75 cm^2，电极间距为 4 cm。电解搅拌采用磁力搅拌器，搅拌速度为 200 r/min。采用直流电源（广东逸石，型号为 wyk-305b2，中国，30 V/5 A）提供电能，藻液采用 BG-11 培养基，房间温度控制在 20 ℃左右。

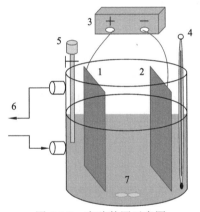

图 5.1.3 实验装置示意图

1—阳极，2—阴极，3—直流稳压电源，4—温度计，5—取样阀，6—热电偶，7—磁力搅拌器

2. 藻类培养

实验所使用的铜绿微囊藻（FACHB-905）藻种来自中国科学院水生生物研究所。将铜绿微囊藻培养至对数生长期后开始实验。BG-11 培养基采用高压灭菌锅灭菌。将已知数量的对数生长期的藻类细胞转移到含有 BG-11 培养基的新鲜灭菌瓶中储存备用（含 18 mg/L Cl$^-$）。对于通过电化学处理后的藻类培养液，为了确定残存的藻类细胞是否具有存活和生长的潜力，藻液被放在 100 mL 锥形瓶中，瓶口装有纱布塞，置于光照培养箱中培养 8 d。在第 0 d、2 d、4 d、6 d 和 8 d 从锥形瓶中取出 12 mL 的藻液进行分析。未经电化学处理的对照样品也暴露在与实验样品相同的条件下。

Cl$^-$质量浓度调整。BG-11 培养基中 Cl$^-$质量浓度为 18 mg/L，通过使用物质的量相等的 $Ca(NO_3)_2 \cdot 4H_2O$ 和 $Mn(NO_3)_2 \cdot 4H_2O$ 分别取代在 BG-11 培养基中的 $CaCl_2 \cdot 2H_2O$ 和

$MnCl_2 \cdot 2H_2O$，将 Cl^- 质量浓度调整为 0 mg/L、6 mg/L 和 12 mg/L。以改性的 BG-11 培养基为对照进行藻类培养，在 680 nm 处培养的藻类的光密度和叶绿素荧光值与原始 BG-11 培养基相同。因此，改性 BG-11 培养基对藻类生长没有影响。

3. 分析方法

活性氯：采用 N,N-二乙基-对苯二胺（N,N-diethyl-p-phenylenediamine，DPD）比色法测定电化学生成的氯（包括 Cl_2、HClO 和 ClO^-，单位为 mg/L）。DPD 被氧化成红紫色产物，其浓度在紫外可见分光光度计（PerkinElmer，Lambda25，美国）波长 515 nm 处测定。该方法也适用于 $(0.42 \sim 21.10) \times 10^{-6}$ mol/L 的氯离子物质的量浓度测定。

H_2O_2：采用改进过氧化物酶（peroxidase，POD）催化反应氧化 DPD 的光度法测定了电化学反应生成 H_2O_2 的物质的量浓度。此方法基本原理是基于 H_2O_2 只在过氧化物酶的作用下与 DPD 反应。H_2O_2 参与反应生成一种有色化合物，在 551 nm 处表现出相对较高的吸光度。该方法适用于 H_2O_2 物质的量浓度范围为 $(0.01 \sim 3.00) \times 10^{-6}$ mol/L。

4. 实验过程

1）电化学氧化抑制藻类的机理

由于氧化剂和电场在抑制藻类生长方面都具有重要作用，本节开展了三个案例的实验，分别研究了氧化剂和电场对藻类生长的影响。在案例 1 中，藻类直接通过电化学系统进行处理，该电化学系统电解生成氧化剂和电场。在案例 2 中，分别电解 BG-11 培养基，然后将其与藻液混合，电解氧化物对藻类生长具有抑制作用。在案例 3 中，直接加入等量的外部氧化剂（如案例 1 和案例 2）进行比较，具体步骤如下。

案例 1：采用 BG-11 培养基 100 mL（细胞密度为 5×10^5 个/mL），电解时间分别为 5 min、10 min、15 min、20 min，电流密度为 20 mA/cm^2。

案例 2：分别取 BG-11 培养基 95 mL，采用四种不同的电解时间（5 min、10 min、15 min、20 min）进行电解，电流密度均为 20 mA/cm^2。电解结束后迅速加入 5 mL 密度为 1×10^7 个/mL 的铜绿微囊藻藻液进行混合，使混合后藻液的细胞密度为 5×10^5 个/mL。

案例 3：计量案例 2 中四种不同的电解时间（5 min、10 min、15 min、20 min），电流密度均为 20 mA/cm^2 时产生的活性氯和 H_2O_2，然后加入 100 mL BG-11 培养基中的藻液（藻细胞密度为 5×10^5 个/mL）。将藻液混合反应 30 min 以确保氧化剂与藻细胞充分反应。

2）藻类抑制效率

为了研究不同操作条件下的藻类抑制效果，在不同电流密度（0～20 mA/cm^2）、电解时间（0～20 min）和初始 Cl^- 质量浓度（0～18 mg/L）下对 95 mL BG-11 培养基进行电解，然后与 5 mL 藻液混合（细胞密度为 1×10^7 个/mL）。将溶液充分混合 1 min，然后让其反应 30 min，以确保电解生成的氧化剂与藻类细胞充分反应。

所有实验均重复进行，计算各处理结果的均值和标准差。

5.2 微电流电解抑藻技术参数研究

电化学法是一种公认的高效友好的水处理技术。目前应用的除藻技术主要有物理除藻技术、化学除藻技术、生物除藻技术。相比现有的水华治理手段，微电流电解技术具有环境友好、可持续抑藻、效果好等优点。本节采用微电流（电流密度低于 20 mA/cm^2）电解技术对湖泊、水库等水体中的藻类进行杀灭和抑制。采用微电流电解法处理水体中的铜绿微囊藻，开展实验室小试研究，筛选出具有持续抑藻效果的电极材料，考察电解时间、电流密度等因素对抑藻效果的影响，并对微电流电解抑藻的机理开展初步探索。在此基础上，开展微电流电解抑藻的放大实验，考察电化学参数，电极作用范围等影响因素，指导微电流电解单元与移动平台连接参数设计。

5.2.1 电极材料筛选

1. 阳极材料选择

电解法杀菌灭藻主要是因为产生了大量的强氧化活性物质，如·OH、H$_2$O$_2$、HClO 和 ClO$^-$等。其中 H$_2$O$_2$、HClO 和 ClO$^-$在水中半衰期较长，在水体中可存在较长时间，并能游离扩散，持续对藻类细胞、核糖核酸（ribonucleic acid，RNA）、脱氧核糖核酸（deoxyribonucleic acid，DNA）进行氧化作用，使其失活，因此能够赋予水体持续抑藻的能力。钛基镀贵金属材料做阳极时产生杀菌活性物质能力强，同时还可产生具有持续灭菌作用的活性氯等物质。因此，该类电极被较多应用于电化学杀菌灭藻研究，但关于钛基镀贵金属做阳极材料对于灭藻效果影响的系统研究很少。

选择钌钛（RuO$_2$/Ti）、铂钛（Pt/Ti）、铱钛（IrO$_2$/Ti）和不锈钢（stainless steel）4 种材料作为阳极材料，以不锈钢作为阴极材料，考察不同阳极作用时微电流电解对铜绿微囊藻持续抑制的效果。微电流电解小试实验装置及电解实验采用的阳极材料如图 5.2.1 所示，电解实验采用的藻种为 *Microcystis aeruginosa*，编号 FACHB-903.3，选用 BG-11 培养基。初始藻细胞密度为 1×10^6 个/mL，藻液体积为 100 mL，将藻液装入 100 mL 烧杯中，采用磁力搅拌器进行恒速搅拌，采用直流稳压稳流电源作为电源供电，采用 20 mA/cm^2 的电流密度，不同电解时间（10 min、20 min、30 min 和 60 min）的实验结果如图 5.2.2 所示。

电解结束后,测得 4 种阳极材料作用下藻液的光密度值与对照样相比都略有降低(降幅为 20%~30%)，表明电解时部分细胞活性受损。电解 10 min 时，从图 5.2.2（a）中可见，未经电解处理的藻液光密度在培养过程中一直上升，铜绿微囊藻处于迅速生长状态，而经过电解处理的藻液与对照样相比铜绿微囊藻生长趋势相同，但速率明显减缓。4 种阳极材料中，铂钛和钌钛电极作用时抑藻效果最好，两者效果差别不大;不锈钢电极次之;铱钛电极效果最差。15 d 内,4 种阳极材料作用下藻液光密度都逐渐上升，可见 10 min

 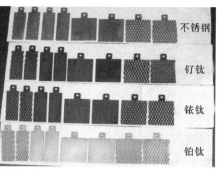

（a）微电流电解小试实验装置　　　　　　（b）阳极材料

图 5.2.1　微电流电解小试实验装置和阳极材料

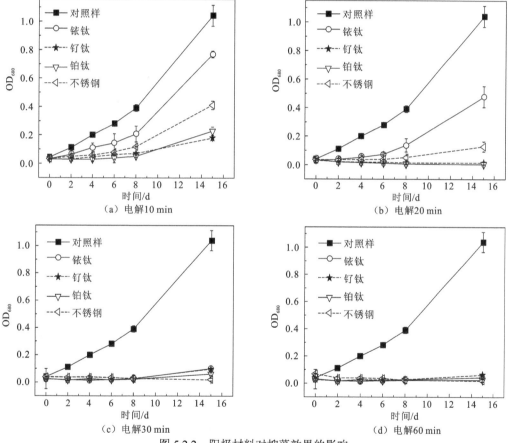

（a）电解10 min　　　　　　　　　　（b）电解20 min

（c）电解30 min　　　　　　　　　　（d）电解60 min

图 5.2.2　阳极材料对抑藻效果的影响

的电解不能使藻细胞完全失活，未失活的藻细胞经过培养仍能重新生长。通过观察藻液颜色，发现电解处理前藻液呈淡绿色，处理后藻液的颜色均略有变淡，培养过程中又逐渐加深；30 d 后，4 种电极材料作用下的藻液均长势良好，其中铱钛电极作用下藻液颜色最深，钉钛最浅。

电解 20 min 后藻液的生长情况如图 5.2.2（b）所示，可见 4 种电极材料中铂钛和钌钛电极材料做阳极时，都能对铜绿微囊藻进行完全地抑制，使铜绿微囊藻完全失活，在 15 d 培养过程中藻液的光密度一直降低，藻液的颜色由绿色转为浅黄色，至第 15 d 时其光密度值接近为 0，藻液近乎无色；至第 30 d 时，藻液仍为无色，表明此时藻液中的铜绿微囊藻已经完全死亡。

总体来看，当电解时间逐渐增加时，不同阳极材料对抑藻效果影响开始变小，当电解时间分别为 30 min 和 60 min 时[图 5.2.2（c）、（d）]，4 种电极材料的抑藻效果没有明显差距。4 种材料的持续抑藻效果依次为：钌钛>铂钛>不锈钢>铱钛。

电解后培养过程中藻液的 pH 变化如图 5.2.3 所示。培养过程中对照样 pH 一直在上升，经电解处理的藻液 pH 虽然在电解后升高，但在培养初期却开始下降，意味着细胞活性受损，后期细胞恢复活性后 pH 又开始上升。电解抑藻效果越好，溶液的 pH 越偏向于中性。

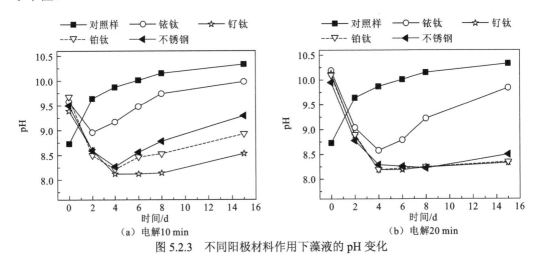

图 5.2.3 不同阳极材料作用下藻液的 pH 变化

2. 阴极材料选择

选择钌钛电极作为阳极，初始藻细胞密度为 1×10^6 个/mL，藻液体积为 100 mL，装入 100 mL 烧杯中，采用磁力搅拌器进行恒速搅拌，采用直流稳压稳流电源作为电源供电，采用 20 mA/cm² 的电流密度，考察石墨（graphite）、不锈钢和镀锌板（Zn）三种阴极材料对持续抑藻效果的影响。不同电解时间（10 min、20 min）下的实验结果如图 5.2.4 所示。

从图 5.2.4 可见，3 种阴极材料对微电流电解持续抑藻效果的影响不大，此结果与文献报道一致（Qin et al.，2015；Xu et al.，2007）。当电解时间达到 20 min 时，不同阴极材料作用下的差异完全不显著。从电解 10 min 的结果可以看出，3 种阴极材料的效果依次为：石墨>不锈钢>镀锌板。考虑到石墨有一定吸附性能，作为阴极材料时可能会吸附溶液中的部分藻细胞，不能完全反映出电解对藻细胞的抑制效果，同时考虑到电极材料的稳定性和易得易加工性，选择不锈钢作为阴极材料。

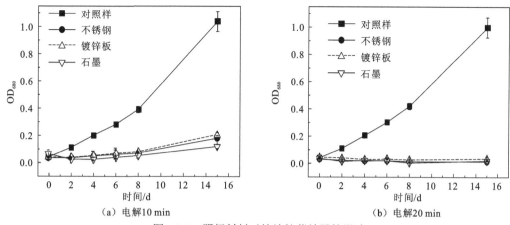

（a）电解10 min　　　　　　　（b）电解20 min

图 5.2.4　阴极材料对持续抑藻效果的影响

5.2.2　微电流电解抑制蓝藻室内小试实验

1. 电解时间的影响

初始藻细胞密度为 $1×10^6$ 个/mL，藻液体积为 100 mL，将藻液装入 100 mL 烧杯中，采用磁力搅拌器进行恒速搅拌，电流密度为 20 mA/cm^2 时，电解时间对持续抑藻效果的影响如图 5.2.5 所示。电解 10 min 后，经过一段时间的培养藻细胞光密度仍在上升，表明细胞仍可继续生长繁殖；而超过 20 min 的电解时间则可以完全抑制藻细胞的生长，后续培养过程中藻细胞光密度一直呈下降趋势；继续增加电解时间对持续抑藻无明显促进作用。另外通过藻液颜色观察发现，第 30 d 时电解时间超过 20 min 的藻液均为无色，表明细胞已完全失去生长能力；而电解 10 min 的藻液已恢复生长，并呈现绿色。为节约能耗，同时减小微电流电解对水体中其他生物的影响，选择 20 min 作为电解时间。

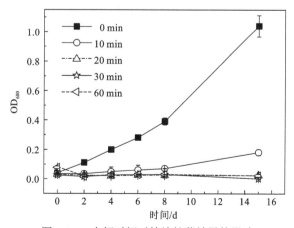

图 5.2.5　电解时间对持续抑藻效果的影响

2. 电流密度影响

初始藻细胞密度为 $1×10^6$ 个/mL，藻液体积为 100 mL，将其装入 100 mL 烧杯中，采用磁力搅拌器进行恒速搅拌，电解时间为 20 min 时，不同电流密度对持续抑藻效果的影响如图 5.2.6 所示。从图 5.2.6（a）可见，电流密度对持续抑藻效果的影响很大。当电流密度为 5 mA/cm² 和 10 mA/cm² 时，电解处理不足以完全抑制铜绿微囊藻的生长，藻液的光密度值变化趋势与对照样相同。当电流密度达到 15 mA/cm² 和 20 mA/cm² 时，藻液的光密度值在培养过程中呈逐渐下降趋势，同时处理后的藻液由绿色变为黄色，最后转为无色。由此可见，大于 15 mA/cm² 的电流密度可使细胞活性受到完全损伤。根据法拉第定律，电流和通电时间一定时，电解产生的活性物质的量是一定的；当通电时间固定时，提高电流密度（电极板的有效工作面积一定）会使得产生的活性物质的量增加，抑藻的效果也因此提高。藻液的叶绿素 a 质量浓度变化情况如图 5.2.6（b）所示，叶绿素 a 质量浓度的变化趋势与光密度值的变化趋势相似，当电流密度达到 15 mA/cm² 以上时，藻液叶绿素 a 质量浓度在培养过程中逐渐下降并趋于为 0。

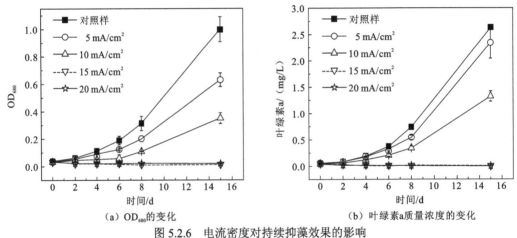

（a）OD_{680} 的变化　　　　　　　　（b）叶绿素 a 质量浓度的变化

图 5.2.6　电流密度对持续抑藻效果的影响

总体来说，以 15 mA/cm² 的电流密度电解处理 20 min 即可实现对藻细胞的完全持续抑制，但藻液的光密度和叶绿素 a 质量浓度并不是在电解刚结束时就立即出现大幅下降，而是在后续培养过程中逐渐降低，显示出微电流电解对铜绿微囊藻具有良好的持续抑制效果。有关电解和电解处理后培养过程中，铜绿微囊藻细胞受损和活性恢复的详细机理和过程还有待进一步研究。

3. 验证活性物质存在

电化学消毒法对多数微生物如病毒、细菌、真菌和藻类等具有良好的杀灭效果。尽管电化学消毒效果得到了一致的肯定，然而关于其杀毒作用机理仍然颇有争议。微电流电解灭藻的原因可能有电场本身的破坏作用、电解氯化作用、电解产生的活性物质作用。过氧化氢和次氯酸等活性物质均会对藻生长起到抑制作用（Perez et al.,2017），微电流电解过程中可能产生次氯酸和过氧化氢等活性物质，为了更好地验证这些活性物质存在并对藻类生长具有抑制作用，开展以下实验。

①对照组：取 BG-11 培养基 100 mL，加入培养至对数生长期的铜绿微囊藻藻液中，使混合后的藻细胞密度为 $5×10^4$ 个/mL，并记录加入原始藻溶液的量，制备 3 个平行样作为对照组。②电解组：取 BG-11 培养基 100 mL 进行电解，采用 20 mA/cm^2 的电流密度电解 15 min 后，迅速加入到与对照组相同的铜绿微囊藻藻液中进行混合，将混合样作为电解组，制备 3 个平行样。

对处理后样品进行取样分析，将测定结果标记为第 0 d 的结果。将处理后的藻液放入光照培养箱中培养，对培养第 4 d、8 d、15 d、23 d 和 30 d 的藻液进行取样，测定藻液的光密度 OD$_{680}$ 和叶绿素 a 质量浓度。样品每天手摇 3 次，并随机变换其在光照培养箱中的摆放位置。所有实验重复 3 次。

对照组和电解组的藻液在培养过程中 OD$_{680}$ 和叶绿素 a 的变化情况如图 5.2.7 所示。可见，将 BG-11 进行电解后再加入铜绿微囊藻藻液的电解组，藻液的生长受到完全地抑制，而未进行电解，直接加入铜绿微囊藻藻液的对照组，藻液的生长良好。显然，灭藻不发生在通电期间，起作用的是电解产生的活性物质。其他研究者也得出了类似的结论，如 Xu 等（2007）对电解处理蓝藻的机理进行研究，推断电解对蓝藻的杀灭主要归功于电解产生的活性氧化物。

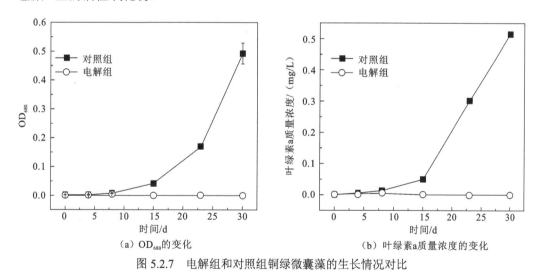

（a）OD$_{680}$的变化　（b）叶绿素a质量浓度的变化

图 5.2.7　电解组和对照组铜绿微囊藻的生长情况对比

由此可见，微电流电解过程中确实可产生具有抑藻效果的活性物质，活性物质对铜绿微囊藻具有良好的杀灭和抑制效果。微电流电解对藻细胞的生长具有持续抑制的能力，也极有可能是由电解产生了半衰期较长的活性物质造成的。

由于实验采用的 BG-11 培养基中含有 CaCl$_2$，在电解作用下会产生 HClO 和 ClO$^-$。欧桦瑟等（2011）采用加 NaClO 药剂的方法灭活铜绿微囊藻，发现 HClO 能有效灭藻，氯化反应中 HClO 穿透并进入藻细胞内部进行氧化和降解，而反应初期藻细胞的外形仍然保持完整，但其内部结构和蛋白质等逐渐被 HClO 破坏，在反应后期藻细胞才会解体并破裂死亡。有文献报道电化学过程中可能产生多种活性物质（Jun et al., 2021），部分氧化剂 HClO、ClO$^-$ 和 H$_2$O$_2$ 在水中的半衰期较长，HClO 和 ClO$^-$ 在水中的半衰期高达几十小时，可以赋予水体持续抑藻的能力，其在水体中的游离扩散加重了已经受到微电流电解破坏的藻细胞的损伤程度，使这部分细胞不能自身修复而逐渐死亡。由此可以解释为何藻细胞并未在微电流电解刚结束时全部死亡，而是在后续培养过程中逐渐消亡。

4. 活性物质对抑藻效果的贡献

本实验采用的铜绿微囊藻的初始细胞密度为 $1×10^6$ 个/mL。每次取 100 mL 藻液于 100 mL 烧杯中，采用不同电流密度和不同电解时间对藻液进行电解处理，进行 4 组电解实验：①电流密度 22.0 mA/cm^2，电解时间 10 min；②电流密度 14.6 mA/cm^2，电解时间 15 min；③电流密度 7.3 mA/cm^2，电解时间 30 min；④电流密度 3.7 mA/cm^2，电解时间 60 min。4 组实验条件下，电解通过的电量（即电流与电解时间的乘积）是相同的。

处理后对样品进行取样分析，将测定结果标记为第 0 d 的结果。为了解经过电解处理后的藻细胞能否继续生长，将处理后的藻液放入光照培养箱中培养，对培养第 2 d、4 d、6 d、8 d、13 d 和 15 d 的藻液进行取样，测定藻液的光密度和叶绿素 a 质量浓度。将未经处理的藻液作为对照样。样品每天手摇 3 次，并随机变换其在光照培养箱中的摆放位置。所有实验重复 3 次。

根据法拉第定律：

$$m = \frac{M}{n\text{F}}Q \tag{5.2.1}$$

式中：m 为析出或溶解物质的量；M 为物质的摩尔质量；n 为反应电子数；F 为法拉第常数；Q 为通过的电量（$Q = It$，I 为电流，t 为通电时间）（Alfafara et al., 2002）。根据法拉第定律，电流和通电时间的乘积一定时，电解产生的活性物质的量是一定的。本书将电解时间与电流的乘积固定，调节电流的大小（电解时间相应改变），设置 4 组对比实验，比较不同实验条件下微电流电解对铜绿微囊藻生长的抑制效果，结果如图 5.2.8 所示。

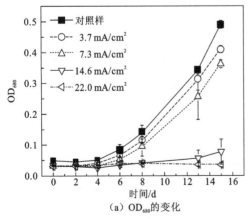
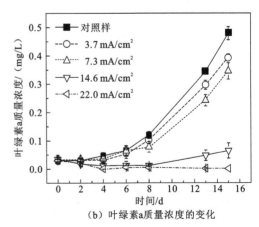

(a) OD$_{680}$的变化   (b) 叶绿素 a 质量浓度的变化

图 5.2.8 相同电量、不同电流密度和电解时间下的抑藻效果

根据电解法拉第定律，当电量相同时，电解产生的活性物质的量是一定的。此时，活性物质对抑藻的作用应该相同。但从图 5.2.8 中可见，即使在相同电量条件下，不同电流密度和电解时间作用时，电解对藻细胞的持续抑制效果也完全不同。由此可见，电解产生的活性物质对抑藻的贡献（间接氧化作用）只占一部分。电场作用（直接氧化作用）对抑藻同样有较大贡献。电解时间和电流密度对持续抑藻效果影响较大，适当延长电解时间和提高电流密度均会使得抑藻效果得到提高。但从图 5.2.8 中可看出，电流密度对抑藻效果的影响远大于电解时间。随着电流密度的增大，电场作用的影响也逐渐增大，因此微电流电解抑藻的效果也大大增强。

5. 临界电流密度实验

将培养至对数生长期的铜绿微囊藻接种于 BG-11 培养基中，配成一定初始藻细胞密度的藻液。取 100 mL 初始藻细胞密度不同的藻液，采用不同电流密度对藻液进行电解处理，电解时间为 15 min，本实验所设置的初始藻细胞密度和电流密度值见表 5.2.1。

表 5.2.1　电流密度实验条件设置

藻细胞总个数/个	初始藻细胞密度/(个/mL)	藻液体积/mL	电解采用的电流密度/（mA/cm²）				
5×10^6	5×10^4	100	6	8	10	12	14
5×10^7	5×10^5	100	8	10	12	14	16
1×10^8	1×10^6	100	8	10	12	14	16
5×10^8	5×10^6	100	14	16	18	20	22

电解处理后对样品进行取样分析，将测定结果标记为第 0 d 的结果。为了解经过电解处理后的藻细胞能否继续生长，将处理后的藻液放入光照培养箱中培养，对培养第 2 d、4 d、6 d、8 d、15 d、23 d 和 30 d 的藻液进行取样，测定藻液的光密度和叶绿素 a 质量浓度。将未经处理的藻液作为对照样。样品每天手摇 3 次，并随机变换其在光照培养箱中的摆放位置。所有实验重复 3 次（林莉 等，2012）。

本书选择 4 个初始藻细胞密度值开展实验，其中初始藻细胞密度为 5×10^4 个/mL 的藻液模拟未发生水华的水体情况，初始藻细胞密度为 1×10^6 个/mL 的藻液模拟已经发生水华的水体情况。

对于初始藻细胞密度为 5×10^4 个/mL 的藻液，采用 6 mA/cm²、8 mA/cm²、10 mA/cm²、12 mA/cm²、14 mA/cm² 的电流密度进行电解处理。对于初始藻细胞密度为 5×10^5 个/mL 的藻液，采用 8 mA/cm²、10 mA/cm²、12 mA/cm²、14 mA/cm²、16 mA/cm² 的电流密度进行电解处理。对于初始藻细胞密度为 1×10^6 个/mL 的藻液，采用 8 mA/cm²、10 mA/cm²、12 mA/cm²、14 mA/cm²、16 mA/cm² 的电流密度进行电解处理。对于初始藻细胞密度为 5×10^6 个/mL 的藻液，采用 14 mA/cm²、16 mA/cm²、18 mA/cm²、20 mA/cm²、22 mA/cm² 的电流密度进行电解处理。电解处理后，不同初始藻细胞密度藻液在不同电流密度下的实验结果如图 5.2.9～图 5.2.12 所示。

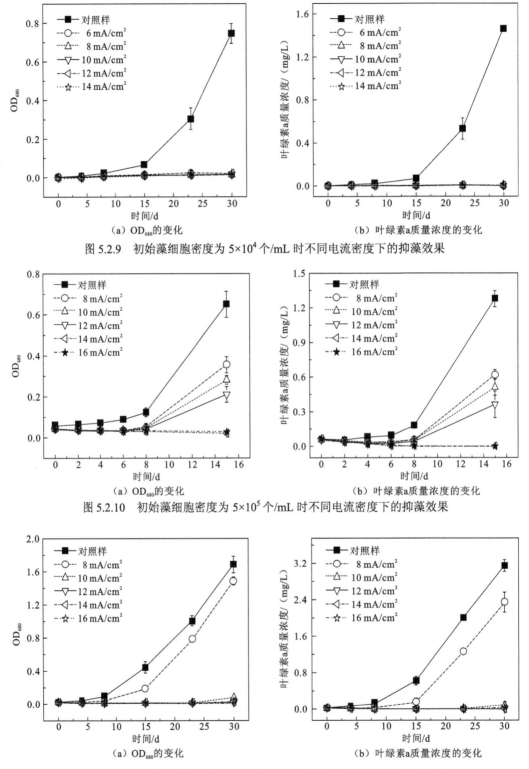

（a）OD$_{680}$的变化　　　　　　　　　（b）叶绿素a质量浓度的变化

图 5.2.9　初始藻细胞密度为 5×10^4 个/mL 时不同电流密度下的抑藻效果

（a）OD$_{680}$的变化　　　　　　　　　（b）叶绿素a质量浓度的变化

图 5.2.10　初始藻细胞密度为 5×10^5 个/mL 时不同电流密度下的抑藻效果

（a）OD$_{680}$的变化　　　　　　　　　（b）叶绿素a质量浓度的变化

图 5.2.11　初始藻细胞密度为 1×10^6 个/mL 时不同电流密度下的抑藻效果

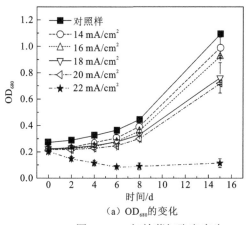
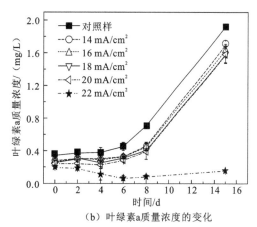

（a）OD_{680} 的变化　　　　　　　　　　（b）叶绿素a质量浓度的变化

图 5.2.12　初始藻细胞密度为 $5×10^6$ 个/mL 时不同电流密度下的抑藻效果

从图 5.2.9～图 5.2.12 中可以看出，对于初始藻细胞密度不同的铜绿微囊藻藻液（藻液体积一定），微电流电解抑藻时存在相应的临界电流密度阈值，当电解所采用的电流密度等于或大于该阈值时，铜绿微囊藻的生长能够得到完全抑制，且随着初始藻细胞密度的增加，临界电流密度值逐渐增大。不同初始藻细胞密度藻液的临界电流密度阈值如表 5.2.2 所示。

表 5.2.2　不同初始藻细胞密度藻液对应的临界电流密度阈值

藻细胞总个数/个	初始藻细胞密度/（个/mL）	藻液体积/mL	临界电流密度阈值/（mA/cm²）
$5×10^6$	$5×10^4$	100	6
$5×10^7$	$5×10^5$	100	10
$1×10^8$	$1×10^6$	100	14
$5×10^8$	$5×10^6$	100	22

电解产生的活性物质的量与电流和通电时间的乘积成正比。但在相同的通电时间下，对于不同初始细胞密度的藻液，完全抑制住铜绿微囊藻的生长所需的电流并不与初始藻细胞密度呈线性正比关系。说明除了电解产生的活性物质的间接氧化作用外，电场的直接氧化作用也可导致铜绿微囊藻的杀灭。

对藻细胞的生长曲线图进行分析（以图 5.2.11 为例），可以看出当电流密度低于临界电流密度阈值时（8 mA/cm²、10 mA/cm²、12 mA/cm²），藻液的 OD_{680} 和叶绿素 a 质量浓度在电解后培养的前 8 d 均呈逐步下降的趋势，而第 15 d 时却又大幅上升，说明前期大部分藻细胞受到电场和活性物质的作用损伤严重，而一小部分藻细胞在后期实现了自我修复，又逐渐恢复了活性。当电流密度等于或高于临界电流密度阈值时（14 mA/cm²、16 mA/cm²），电解产生的活性物质作用增强，受损的藻细胞在后期无法实现自我修复，最终全部失去活性。

根据文献报道，除了电解产生的强氧化活性物质的作用外，电解对藻细胞的作用还可能包括：①电场对细胞膜的电击穿作用，影响细胞代谢功能的电渗和电泳；②电场作用下细胞吸附在电极上，与电极发生电子交换，导致胞内酶被氧化，使细胞失活。这几种机理与活性物质对藻细胞的破坏作用应该是协同作用，共同达到灭藻的目的（郭金耀 等，2008）。

6. 藻液体积对抑藻效果的影响

实验装置是体积分别为 100 mL、500 mL 和 1 000 mL 的烧杯。采用板状电极材料，以钌钛和不锈钢分别作为阳极和阴极。电极有效工作尺寸为 2.5 cm×5.5 cm，极板间距 4 cm。电解过程中采用磁力搅拌器对藻液进行匀速搅拌。采用直流稳压电源（30 V/5 A）供电，通过调节直流稳压电源使电化学反应在一定电流密度下进行。室温控制在 25 ℃左右。实验所用的玻璃容器使用前均经过高压灭菌处理。所有实验重复 3 次。

将培养至对数生长期的铜绿微囊藻接种于 BG-11 培养基中，配成一定初始细胞密度的藻液。取 100 mL、500 mL 和 1 000 mL 的藻液进行电解处理，电解时间为 15 min。本实验所设置的初始藻细胞密度和电流密度值见表 5.2.3。

表 5.2.3　藻液体积对抑藻效果的影响实验条件设置

藻细胞总个数/个	初始藻细胞密度/（个/mL）	藻液体积/mL	电解采用的电流密度/（mA/cm²）				
$2.5×10^7$	$2.5×10^5$	100	6	8	10	12	14
$2.5×10^7$	$5.0×10^4$	500	6	8	10	12	14
$5.0×10^7$	$5.0×10^4$	1 000	8	10	12	14	16
$1.0×10^8$	$2.0×10^5$	500	10	12	14	16	18
$2.5×10^8$	$2.5×10^6$	100	12	14	16	18	20
$2.5×10^8$	$5.0×10^5$	500	14	16	18	20	22
$5.0×10^8$	$1.0×10^6$	500	14	16	18	20	22

电解处理后对样品进行取样分析，将测定结果标记为第 0 d 的结果。为了解经过电解处理后的藻细胞能否继续生长，将处理后的藻液放入光照培养箱中培养，对培养第 8 d、15 d、23 d 和 30 d 的藻液进行取样，测定藻液的光密度和叶绿素 a 质量浓度。将未经处理的藻液作为对照样。样品每天手摇 3 次，并随机变换其在光照培养箱中的摆放位置。所有实验重复 3 次。

不同藻液体积对抑藻效果影响的实验结果如表 5.2.4 所示。从表 5.2.4 中可见，藻细胞总个数越多（其他实验条件相同时），完全抑藻所需的临界电流密度越高。其中，500 mL 和 1 000 mL 初始藻细胞密度为 $5×10^4$ 个/mL 的藻液电解持续抑藻的结果如图 5.2.13 所示。

表 5.2.4　不同体积藻液对应的临界电流密度

藻细胞总个数/个	初始藻细胞密度/（个/mL）	藻液体积/mL	电解采用的电流密度/（mA/cm²）					临界电流密度/（mA/cm²）
$2.5×10^7$	$2.5×10^5$	100	6	8	10	12	14	8
$2.5×10^7$	$5.0×10^4$	500	6	8	10	12	14	8

藻细胞总个数/个	初始藻细胞密度/（个/mL）	藻液体积/mL	电解采用的电流密度/（mA/cm²）					临界电流密度/（mA/cm²）
5.0×10^7	5.0×10^4	1 000	8	10	12	14	16	12
1.0×10^8	2.0×10^5	500	10	12	14	16	18	14
2.5×10^8	2.5×10^6	100	12	14	16	18	20	20
2.5×10^8	5.0×10^5	500	14	16	18	20	22	20
5.0×10^8	1.0×10^6	500	14	16	18	20	22	22

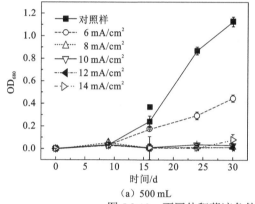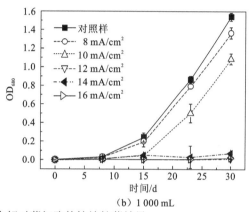

图 5.2.13　不同体积藻液条件下电解对藻细胞的持续抑藻效果

从图 5.2.13 中可以看出，对于 500 mL 体积的藻液，其所对应的藻细胞总个数为 2.5×10^6 个，完全抑藻所需的临界电流密度为 8 mA/cm²。当电流密度为 6 mA/cm² 时（低于临界电流密度值），电解后培养过程中藻液的 OD_{680} 低于对照组，但生长趋势与对照组相同，OD_{680} 在第 15 d 开始出现大幅上升。而当电流密度等于或大于临界电流密度值（8~14 mA/cm²）时，藻细胞的生长受到完全抑制，电解后培养过程中藻液的 OD_{680} 逐渐降低并趋于为 0。

对于 1 000 mL 体积的藻液，其所对应的藻细胞总个数为 5×10^7 个，完全抑藻所需的临界电流密度为 12 mA/cm²。当电流密度为 8 mA/cm² 时，藻液的 OD_{680} 变化趋势与对照组相同，证明电解过程对藻细胞的损伤较弱，电解后培养过程中铜绿微囊藻的生长状况良好。当电流密度为 10 mA/cm² 时，藻液的 OD_{680} 在电解后培养过程的前 15 d 都未上升，表明电解导致水体中藻细胞受损严重；而从第 15 d 开始，藻液的 OD_{680} 出现大幅上升，说明在第 15 d，未完全失活的藻细胞完成自我修复，开始继续生长繁殖。

将表 5.2.4 与表 5.2.2 的结果进行汇总，得到表 5.2.5。从表 5.2.5 中可以看出，当藻细胞总个数一定时，藻液体积不同，5 组实验得到的有效抑藻的临界电流密度值基本相同。说明在本实验条件下，藻液体积对抑藻效果无明显影响。本实验电解时采用磁力搅拌器对藻液进行混合搅拌，使得电解过程中产生的活性物质在水中能较好地扩散，并对藻细胞进行氧化处理。本实验中，对于 1 000 mL 藻液，藻液体积较大，相比于 100 mL

和 500 mL 的水体磁力搅拌起到的作用较弱,但是电解时水体中会产生一定的自然流动作用,同时又有磁力搅拌的作用,导致搅拌不会成为影响抑藻效果的一个关键因素。若对于体积更大的含藻水体,可能需要一定的搅拌强度,才能保证电解产生的活性物质能充分扩散并发挥氧化作用,达到有效抑制藻类生长的效果。

表 5.2.5 不同体积藻液对应的临界电流密度

藻细胞总个数/个	初始藻细胞密度/(个/mL)	藻液体积/mL	临界电流密度/(mA/cm²)
2.5×10^7	2.5×10^5	100	8
2.5×10^7	5.0×10^4	500	8
5.0×10^7	5.0×10^5	100	10
5.0×10^7	5.0×10^4	1 000	12
1.0×10^8	1.0×10^6	100	14
1.0×10^8	2.0×10^5	500	14
2.5×10^8	2.5×10^6	100	20
2.5×10^8	5.0×10^5	500	20
5.0×10^8	5.0×10^6	100	22
5.0×10^8	1.0×10^6	500	22

将表 5.2.2 与表 5.2.4 的结果进行对比,得到表 5.2.6。从表 5.2.6 中可以看出,两批实验所获得的临界电流密度值吻合较好。针对不同的待处理藻细胞总个数,在相同的实验条件下,所需要的临界电流密度是一定的。说明针对藻细胞个数一定的铜绿微囊藻,在其他条件固定时,存在相应的临界电流密度值,采用微电流电解技术进行抑藻是可行的。此研究结果可为今后进行藻体积放大实验提供科学依据。

表 5.2.6 不同初始藻细胞个数对应的临界电流密度

藻细胞总个数/个	临界电流密度 1 /(mA/cm²)	临界电流密度 2 /(mA/cm²)	汇总后的临界电流密度 /(mA/cm²)
2.5×10^7	8	8	8
5.0×10^7	10	12	10~12
1.0×10^8	14	14	14
2.5×10^8	20	20	20
5.0×10^8	22	22	22

注:临界电流密度 1 来自表 5.2.2,临界电流密度 2 来自表 5.2.4,汇总后的临界电流密度经两者综合后得到。

随着待处理的藻细胞总个数的增多,为保证良好的抑藻效果,可通过以下 2 种途径进行控制。①保证电解所产生的活性物质的量足够,因而需要调整电流强度和电解时间两个因素,即增加电流强度和延长电解时间。当所提供的电压有限时,为保证获得较大的电流强度,根据公式 $I=U/R$,需减小电流通过溶液的电阻,此时可采取的措施包括:

缩小电极板的间距、增加电极板的有效工作面积。②提高电流强度，以提高电场其他作用的效果（包括：a 电场对细胞膜的电击穿作用，影响细胞代谢功能的电渗和电泳现象；b 电场作用下细胞吸附在电极上，与电极发生了电子交换，从而导致胞内酶被氧化，使细胞失去活性）。

7. 微电流电解抑藻实验室放大实验

采用的实验装置为容积为 40 L 的整理箱，容器中藻液 10 L，钌钛电极板尺寸为 15 cm×30 cm，不锈钢电极板尺寸为 15 cm×30 cm，电极板有效工作面积为 150 cm^2（30 cm×5 cm），采用钌钛做阳极，不锈钢做阴极，2 组电极板同时工作。电压采用 30 V/5 A 的直流稳压稳流电源输出。

①对照组。在整理箱中储备密度为 5×10^4 个/mL 的藻液，上部用保鲜膜封口，并扎多个小洞保持供氧，将藻液放置于光线充足处培养。②实验组。在整理箱中储备密度为 5×10^4 个/L 的藻液，放置 2 组电极板，其中钌钛电极板作为阳极，不锈钢电极板作为阴极，电流密度 11 mA/cm^2，手动搅拌，电解 15 min、20 min、30 min，电极间距为 3 cm，将电解后装藻液的整理箱上部用保鲜膜封口，并扎多个小洞保持供氧，放置于光线充足处培养。③取样分析方法。于第 0 d、13 d、20 d、27 d 分别采集实验组和对照组的藻液检测 OD$_{680}$，每组设置 3 个平行样。

首先采用 11 mA/cm^2 的电流密度开展实验，观察此电流密度下的抑藻效果，电极板间距设置为 3 cm，实验结果如图 5.2.14 所示。从图 5.2.14 中可知，采用 11 mA/cm^2 的电流密度，15 min 和 20 min 电解时间作用下铜绿微囊藻的生长趋势与对照组相比相差不大，表明此时的抑藻效果较差，不能完全将铜绿微囊藻抑制；30 min 的电解时间对抑藻有较好的效果，但后期藻液的光密度值仍略有上升。

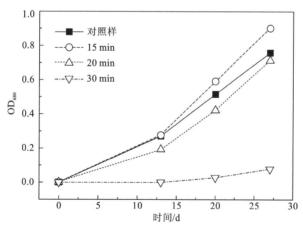

图 5.2.14　电流密度为 11 mA/cm^2 时藻液的 OD$_{680}$ 变化

5.2.3　微电流电解杀灭蓝藻放大实验

实验室小试研究结果显示微电流电解是一种有效的抑藻技术，但该技术在湖库水体治理中，电极材料能处理多大范围水体，电解处理需要应用的电流密度和电解时间是多少，目前均不清楚，这些都是制约微电流电解抑藻技术能否走向实际应用的重要因素。本小节开展微电流电解去除蓝藻的室外放大实验，考察微电流电解对较大范围水体进行处理的工艺条件，通过放大实验优化电解单元参数设置。

1. 电解时间的影响

实验采用的实验装置是容积为 45 L 的整理箱，设置初始藻细胞密度为 $5×10^4$ 个/L，钌钛电极板（15 cm×50 cm）做阳极，不锈钢电极板（15 cm×50 cm）做阴极，电极板有效工作面积为 750 cm²（50 cm×15 cm）。电压采用 30 V/10 A 的直流稳压稳流电源输出，设置电流密度为 12 mA/cm²，电解时间为 0.0 h、0.5 h、1.0 h、1.5 h、2.0 h。采用叶绿素荧光仪测定铜绿微囊藻的叶绿素荧光动力学参数[F_v/F_m、Y(II)、Y(NO)、ETR 等]，根据这些参数变化来分析微电流电解对藻液光合活性的影响（陈莲花 等，2007），从而比较电解抑藻效果。并通过比较相同条件下不同电解时间对铜绿微囊藻的杀灭情况选择最佳电解时间，结果如图 5.2.15 所示。

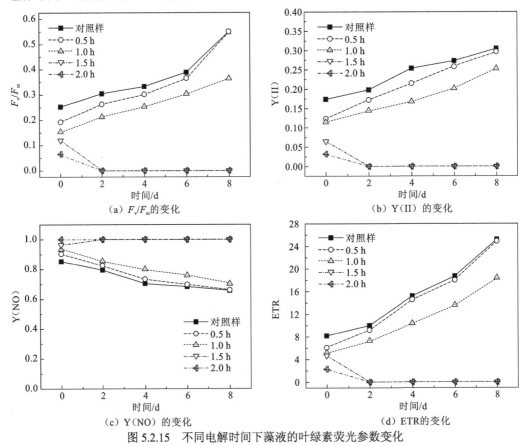

图 5.2.15　不同电解时间下藻液的叶绿素荧光参数变化

室外放大实验结果显示，电解时间对抑藻效果的影响遵循小试实验规律。电解时间延长后，藻的活性明显降低，即电解抑藻效率有显著提高。当电解时间小于 1.5 h 时，铜绿微囊藻虽然受到损伤但并没有完全丧失活性，在后续培养中仍可渐渐恢复生长；但当电解时间大于或等于 1.5 h 时，铜绿微囊藻受到永久损伤，已彻底丧失活性。根据以上实验结果，在确保藻细胞完全被电死的前提下考虑经济节能等因素，电解时间选2.0 h。

2. 电流密度的影响

实验采用的实验装置为容积为 45 L 的塑料箱，设置初始藻细胞密度为 $5×10^4$ 个/L，钌钛电极板（15 cm×50 cm）做阳极，不锈钢电极板（15 cm×50 cm）做阴极，电极板有效工作面积为 750 cm²（50 cm×15 cm）。电压采用 30 V/10 A 的直流稳压稳流电源输出，设置电流密度为 6 mA/cm²、9 mA/cm²、12 mA/cm²，电解时间均为 2.0 h。考察不同电流密度下铜绿微囊藻的杀灭情况，结果如图 5.2.16 所示。

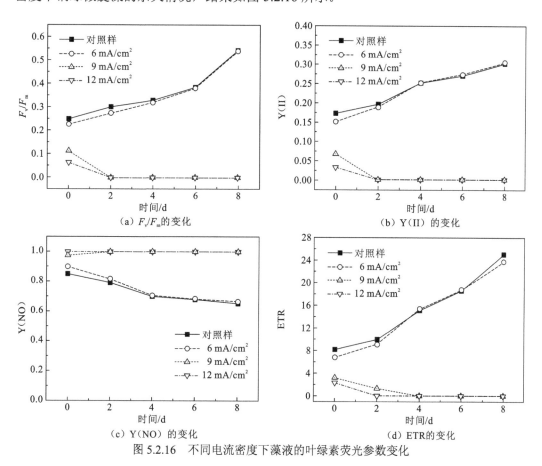

图 5.2.16　不同电流密度下藻液的叶绿素荧光参数变化

室外放大实验结果表明，电流密度对抑藻效果的影响亦遵循小试实验规律，电解抑藻的效果会随电流密度的增加而有所提高。当电流密度为 6 mA/cm² 时，电解对铜绿微囊藻的损害并不明显，藻细胞在后期培养中迅速恢复活性；但当电流密度增加为 9 mA/cm² 和 12 mA/cm² 时，电解对藻细胞造成了永久损害，藻液完全死亡，并且电流密度越大，藻细胞活性降低越迅速、死亡越快。

3. 初始藻细胞密度对除藻效果的影响

实验采用的实验装置是容积为45 L的整理箱,设置初始藻细胞密度分别为$5×10^4$个/L、$1×10^5$个/L、$1×10^6$个/L,钌钛电极板(15 cm×50 cm)做阳极,不锈钢电极板(15 cm×50 cm)做阴极,电极板有效工作面积为750 cm^2(50 cm×15 cm)。电压采用30 V/10 A的直流稳压稳流电源输出,设置电流密度为12 mA/cm^2,电解时间为2 h。实验结果见图5.2.17。

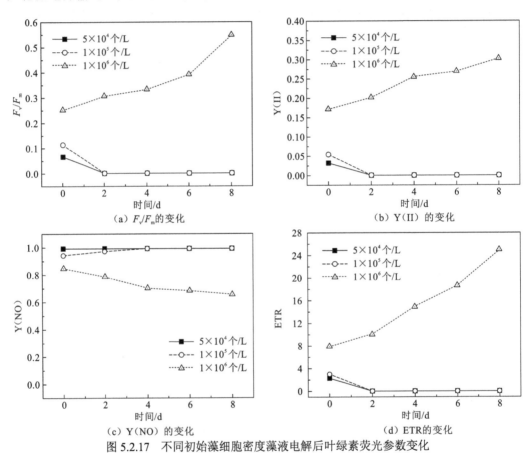

图5.2.17 不同初始藻细胞密度藻液电解后叶绿素荧光参数变化

室外放大实验结果显示,初始藻细胞密度越高电解抑藻的难度越大。当初始藻细胞密度为$5×10^4$个/L和$1×10^5$个/L时,电解可使藻液完全失活,并且密度越高藻液活性降低越缓慢;当初始藻细胞密度提高到$1×10^6$个/L时,所设电解条件不足以持续抑藻,铜绿微囊藻仍可恢复正常生长。

4. 优化条件下的野外验证实验

野外验证实验采用长×宽×高为1 m×2 m×1 m的围隔,采用恒流泵注入1.2 t自然湖泊水,在已知湖泊原始水质前提下,加入一定量的磷酸氢二钾和氯化铵,使围隔内的人工配制好的磷酸盐、氨氮质量浓度在 0.3 mg/L 和 3.0 mg/L，溶液初始 pH 为自然水体 pH，投加一定量的藻液，使围隔中初始藻细胞密度为 $1×10^4$ 个/L。采用板状电极材料，以钌钛和不锈钢分别作为阳极和阴极。电极有效工作尺寸为 50 cm×15 cm，极板间距 2 cm。采用直流稳压电源（30 V/10 A）供电，两对电极板串联，通过调节直流稳压电源使电化学反应在一定电流密度下进行，实验设置电流密度为 9 mA/cm²，电解时间为 2 h，考察自然湖泊水体条件下，微电流电解对铜绿微囊藻杀灭情况。采用叶绿素荧光仪测定铜绿微囊藻的叶绿素荧光动力学参数，根据参数变化分析电解对铜绿微囊藻光合活性的影响，从而判断铜绿微囊藻的死亡情况，结果如图 5.2.18 所示。

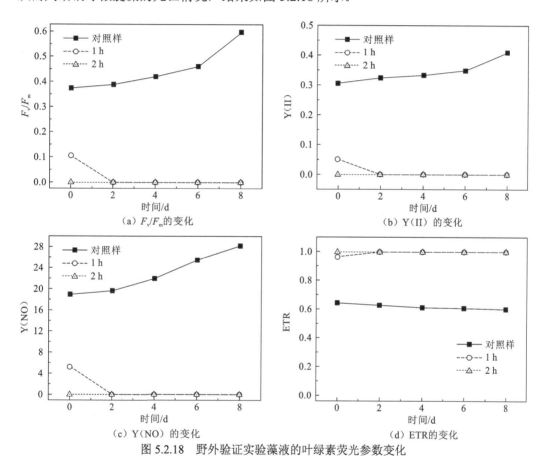

图 5.2.18　野外验证实验藻液的叶绿素荧光参数变化

从图 5.2.18 可知，在自然湖泊水体条件下，只要保证足够的电解时间，微电流电解对铜绿微囊藻就仍具有较强的杀灭效果。对初始藻细胞密度为 $1×10^4$ 个/L，体积为 2 m³ 的自然水体而言，串联两组电流密度为 9 mA/cm² 的电极板对藻细胞进行电解，电解 1 h 后水体中的藻细胞开始失活，电解 2 h 后藻细胞彻底死亡。

5.3 微电流电解对藻类光合特性的影响机理

本节首先通过探究不同电流密度下电解对铜绿微囊藻生长的抑制效果，得到微电流电解抑藻时相应的临界电流密度阈值，再通过分析电流密度大于阈值和小于阈值时铜绿微囊藻的叶绿素荧光参数变化趋势，研究微电流电解对铜绿微囊藻光合特性的影响，从藻类生理生态特征方面揭示微电流电解对藻类生长的抑制机理。

5.3.1 临界电流密度

①对照样：采用 BG-11 培养基配制藻细胞密度为 $5×10^5$ 个/mL 的铜绿微囊藻藻液，取 100 mL 留作对照样。②电解组：采用 BG-11 培养基配制藻细胞密度为 $5×10^5$ 个/mL 的铜绿微囊藻藻液，每次取 100 mL 藻液倒入反应器中，分别采用不同电流密度（6～18 mA/cm^2）对藻液进行电解处理。根据笔者前期研究，当电解时间达到 15～20 min 时微电流电解即可产生较好的抑藻效果，本实验将电解时间控制在 15 min 内。

电解处理结束后，将藻液放置 30 min 后进行取样分析，测定藻液在第 0 d 的光密度值（OD_{680}）和叶绿素 a。将电解组和对照组的藻液转入 100 mL 三角瓶中，放入光照培养箱中培养，继续对培养至第 2 d、4 d、6 d 和 8 d 的藻液进行取样分析。所有实验重复 3 次。实验所用的玻璃器皿均经高压灭菌后使用。

本实验选择体积为 100 mL、初始藻细胞密度为 $5×10^5$ 个/mL 的藻液为对象，研究不同电流密度下铜绿微囊藻藻液光密度 OD_{680} 和叶绿素 a 质量浓度的变化趋势，研究结果见图 5.3.1。

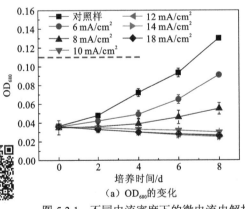
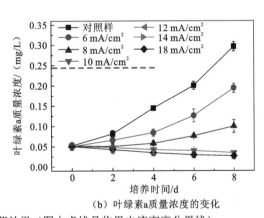

图 5.3.1　不同电流密度下的微电流电解抑藻效果（图中虚线是临界电流密度分界线）

从图 5.3.1 中可以看出，对于本实验条件下的铜绿微囊藻藻液而言，微电流电解抑藻时具有临界电流阈值（10 mA/cm^2）。当电流密度低于临界电流阈值时（即小于10 mA/cm^2），藻样的 OD_{680} 和叶绿素 a 质量浓度的上升速率仅在培养初期较对照样有所减缓，在后期培养过程中又大幅上升，表明藻细胞经电解作用后的确遭受了一定损伤，但该损伤在后期培养中可以自我修复，藻细胞又恢复了活性。当电流密度等于或大于临界电流阈值时，藻液的 OD_{680} 和叶绿素 a 质量浓度在培养的 8 d 内均呈稳定下降的趋势，表明此条件下因电解而受损的藻细胞在后期无法实现自我修复，彻底失去了活性。

5.3.2 叶绿素荧光参数变化

①对照样：采用 BG-11 培养基配制初始藻细胞密度为 $5×10^5$ 个/mL 的铜绿微囊藻藻液，取 100 mL 作对照样。②电解组：采用 BG-11 培养基配制初始藻细胞密度为 $5×10^5$ 个/mL 的铜绿微囊藻藻液，每次取 100 mL 藻液倒入反应器中，分别采用不同电流密度（6 mA/cm²、10 mA/cm²、14 mA/cm²、18 mA/cm²）对藻液进行电解处理，将电解时间控制在 15 min 内。

电解处理结束后，将藻液放置 30 min 后进行取样分析，测定藻样在第 0 d 的叶绿素荧光参数。将电解组和对照样的藻液转入 100 mL 三角瓶中，放入光照培养箱中培养，继续对培养至第 2 d、4 d、6 d 和 8 d 的藻液进行取样分析。所有实验重复 5 次。实验所用玻璃器皿均经高压灭菌后使用。

活体叶绿素荧光作为光合作用的有效探针，可以反映光系统 II 的状态信息（韩志国 等，2005）。光系统 II 对藻类的生理功能十分重要，藻细胞受到的损害通常可以直接体现在光系统 II 的损伤上（Singh et al., 2022）。在本实验研究的 6 种叶绿素荧光参数中，F_v/F_m 表征暗适应后的光系统 II 的最大量子产量（Li et al., 2021）；Y(II)为光适应下的光系统 II 实际量子产量；ETR 代表光合电子传递速率；qL 可直接反映光合活性的水平；Y(NO) 是反映光损伤的重要指标；F_o 则表征初始荧光值。通过叶绿素荧光仪测得的荧光动力学参数能够灵敏地反映藻细胞当前的光合作用状况，间接反映藻细胞的生理状态。本小节以初始藻细胞密度为 $5×10^5$ 个/mL 的铜绿微囊藻藻液为对象，分析微电流电解处理后不同电流密度下（大于阈值和小于阈值）藻细胞的叶绿素荧光参数变化，通过叶绿素荧光参数的变化趋势间接揭示电解对藻细胞的损伤机理。

1. F_v/F_m 参数变化

光系统 II 的最大光化学量子产量 F_v/F_m 是暗适应后的光系统 II 的最大量子产量，代表开放的光系统 II 反应中心捕获激发能的效率，能有效地反映光系统 II 的功能状态。当受到胁迫时，藻液的 F_v/F_m 会迅速下降。F_v/F_m 可作为研究各种环境胁迫对光合作用影响的重要指标。本实验测得的对照组 F_v/F_m 值在培养的 0～8 d 内一直在 0.38～0.46 波动，较为稳定。

如图 5.3.2 所示，电流密度为 6 mA/cm²（小于临界电流阈值）的电解样在电解刚结束时，藻细胞的 F_v/F_m 值对比对照样有所下降，两者之间存在显著性差异（$p<0.05$），说明此时藻细胞受到了电解作用的胁迫，光系统 II 受损；但 F_v/F_m 的降低幅度并不大，仅下降了约 27.6%。这表明藻细胞光系统 II 虽受损但依然保持了相对较高的活性。在 2～8 d 的培养时间里，该电解样的 F_v/F_m 值逐渐增加，到第 6 d，该电解样的 F_v/F_m 值已与对照

样基本相同，两者间无显著性差异。表明 6 mA/ cm^2 电流密度下电解对藻细胞的胁迫并未超过铜绿微囊藻的耐受能力，自第 6 d 起，藻细胞的光系统 II 已经基本完全恢复，铜绿微囊藻的光合活性回到正常水平。

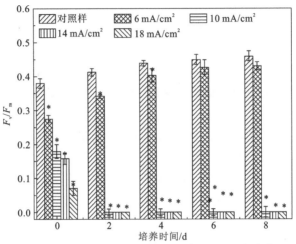

图 5.3.2　不同电流密度下铜绿微囊藻 F_v/F_m 的变化

*表示在 $p<0.05$ 水平下差异显著

电流密度为 10 mA/cm^2、14 mA/cm^2、18 mA/cm^2（大于或等于临界电流阈值）的电解样在电解刚结束时，藻细胞的 F_v/F_m 值有比较明显的下降，对比对照样分别降低了约 52.9%、58.4% 及 81.6%，并且电解样和对照样之间存在显著性差异（$p<0.05$）。由此可知，此时藻细胞受到的电解作用的胁迫较为强烈，使得藻细胞光系统 II 所受损伤更为严重；从培养的第 2 d 起，此 3 个电解样的藻细胞的 F_v/F_m 值均降低至趋于 0，F_v/F_m 的值为 0 表明藻细胞光系统 II 的功能已完全丧失（宋玉芝 等，2009）。

2. Y(II)和 ETR 参数变化

有效光化学量子产量 Y(II)是光适应下的光系统 II 的实际量子产量，反映光系统 II 线性电子传递效率或光能捕获的效率。ETR 表征实际光合效率，即反映藻类用于光合电子传递的能量占所吸收能量的比例，是光系统 II 反应中心关闭时的效率。从图 5.3.3 中可以看出，在不同电流密度作用下，藻液在培养的 0～8 d 时间内，Y(II)、ETR 与 F_v/F_m 值的变化趋势基本一致。据相关文献报道（李卓娜 等，2010），当藻类受到逆境胁迫时，F_v/F_m、Y(II)和 ETR 值均会降低，本书研究结果与文献报道一致。当电流密度低于临界阈值时，Y(II)和 ETR 的值从第 2 d 起就逐渐回升，并分别在第 6 d 和第 4 d 时恢复到与对照样相当的水平。而当电流密度大于或等于临界电流密度时，藻液的 Y(II)和 ETR 值从第 2 d 开始均降至 0 左右。Y(II)和 ETR 值为 0 同样可以表明藻细胞光系统 II 已完全丧失功能（Inoue et al.，2001）。

3. Y(NO)参数变化

Y(NO)代表光系统 II 的非调节性能量耗散的量子产量，同时也是光损伤的重要指标。

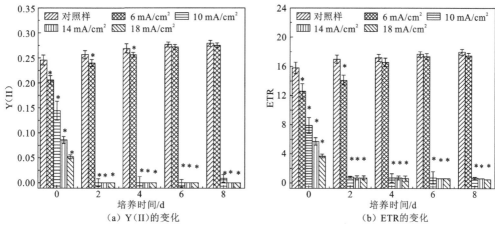

图 5.3.3　不同电流密度下铜绿微囊藻叶绿素荧光参数 Y(II)和 ETR 的变化

*表示在 $p<0.05$ 水平下差异显著

若 Y(NO)较高，表明光化学能量的调节机制（例如热耗散）无法将藻细胞吸收的光能完全消耗掉，也就是说入射光强超过了藻细胞的耐受程度，此时藻类已经受到损伤。不同电流密度下铜绿微囊藻 Y(NO)的变化如图 5.3.4 所示。

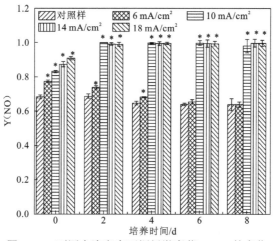

图 5.3.4　不同电流密度下铜绿微囊藻 Y(NO)的变化

*表示在 $p<0.05$ 水平下差异显著

从图 5.3.4 中可以看出，电解刚结束时，4 个电解样的 Y(NO)值均大于对照样，且存在显著性差异（$p<0.05$），表明电解样的藻细胞受到严重损伤。电流密度为 6 mA/cm² 的电解样在电解后的 0~6 d 培养时间内，Y(NO)值逐渐降低，表明藻细胞受到的损伤得以恢复，到第 6 d 时，与对照组的 Y(NO)值已无明显差异，表明该电解样藻细胞的光系统 II 恢复正常。而电流密度大于或等于 10 mA/cm² 的所有电解样的 Y(NO)值从培养的第 2 d 起均升至接近 1，表明藻细胞遭受到了不可逆转的损伤。

4. qL 参数变化

qL 反映的是由光合作用引起的光化学淬灭强度，可表征原初电子受体的还原状态，

qL 越大表明光系统 II 的电子传递活性越强，qL 可直接反映植物和藻类光合活性的高低。电解刚结束时 qL 的变化见表 5.3.1。电流密度为 6 mA/cm^2 时，电解刚结束后藻液 qL 值与对照样比变化并不明显，但从电流密度为 10 mA/cm^2 时 qL 值与对照样相比下降幅度显著，说明电解使得藻细胞光系统 II 的系统活性受到严重影响，且这种损伤会随着电流密度增大而越来越严重。

表 5.3.1　电解刚结束时（第 0 d）不同电流密度下铜绿微囊藻 qL 和 F_o 参数变化

电流密度	光化学淬灭（qL）	初始荧光（F_o）
对照样	0.571±0.016	0.274±0.017
6 mA/cm^2	0.559±0.014	0.288±0.022
10 mA/cm^2	0.452±0.006	0.309±0.012
14 mA/cm^2	0.268±0.019	0.317±0.014
18 mA/cm^2	0.244±0.016	0.349±0.011

5. F_o 参数变化

F_o 是藻细胞的初始荧光值。表 5.3.1 展示了电解刚结束时 F_o 的变化情况，可以看出不同电流密度对 F_o 的影响趋势与 qL 基本一致。电流密度为 6 mA/cm^2 时电解后藻液的 F_o 与对照样对比无显著性差异；但从 10 mA/cm^2 开始 F_o 与对照样开始存在显著差异，F_o 随着电流密度的上升而逐渐增大。Yamasaki 等（2002）通过一系列的研究结果发现，F_o 值的突然增加可以反映高等植物或藻类的捕光天线与光系统 II 中心体之间发生了不可逆转的分离，并且光系统 II 的部分反应中心受到了损伤。藻类的捕光天线是藻胆体，它与光系统 II 相连接，可以吸收 460～670 nm 波长的光，并将吸收的能量以近 100% 的量子效率传递到光合反应膜的中心体上进行光合作用（马为民 等，2008）。对于铜绿微囊藻而言，F_o 值的瞬间增加说明光系统 II 反应中心与藻胆体之间发生了不可逆转的分离，同时也反映光系统 II 的部分反应中心可能遭受损害。随着电流密度的上升电解后藻细胞的 F_o 逐渐增大，表明大于 10 mA/cm^2 电流密度（即大于临界电流阈值）的电解作用会严重破坏藻细胞光系统 II 与藻胆体之间的连接，且电流密度越大两者之间的连接被破坏得越严重，并严重阻碍两者之间的能量传递。

Xu 等（2007）通过分析电解后藻液的紫外可见光谱和荧光放射光谱，推测电解改变或者破坏了铜绿微囊藻中藻蓝蛋白和叶绿素 a 的结构，或者阻碍了两者之间的能量传递。由于藻蓝蛋白是藻胆体的一部分，所以藻蓝蛋白结构的受损意味着藻胆体的损伤，该结论与本书得出的结论基本一致。如表 5.3.1 所示，通过分析电解前后藻液的叶绿素荧光参数变化趋势，证实了电解杀灭铜绿微囊藻一方面是电解破坏了藻细胞光系统 II 和捕光天线藻胆体之间的连接，使藻胆体无法继续向光系统 II 传递光能；另一方面是电解破坏了藻细胞光系统 II 的结构，使光系统 II 无法进行光合作用，最终导致了藻细胞的死亡。

5.4　微电流电解生成活性物质对抑藻的贡献

电化学氧化反应被认为是一种控制水体中藻类的先进技术。更为有效的是，电化学生成的氧化物质应该有长时间的半衰期和可以持续抑制藻类生长的能力。本节采用 Ti/RuO_2 作为阳极的电化学反应系统，重点关注半衰期较长的活性氯和 H_2O_2 的产生，以及其对抑藻的贡献，重点研究天然水体低氯离子浓度条件下，电化学反应活性物质的产生及其对铜绿微囊藻抑制作用的影响，建立了一个反应动力学模型来模拟活性氯和 H_2O_2 的生成浓度。

5.4.1　电化学处理抑制藻类的机理

图 5.4.1 显示了 3 种处理方式藻液中 OD_{680} 的变化情况。案例 1：用电生氧化剂和电场处理藻类[图 5.4.1（a）]；案例 2：藻类仅用电生氧化剂处理[图 5.4.1（b）]；案例 3：藻类仅用外部氧化剂处理[图 5.4.1（c）]。

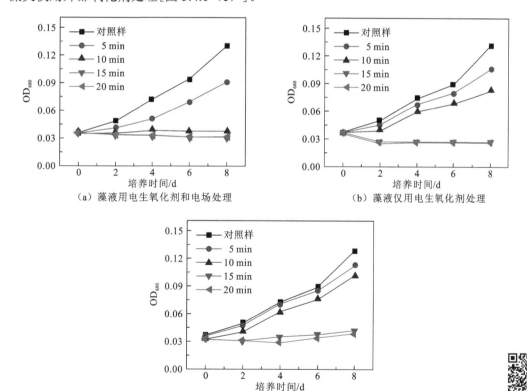

图 5.4.1　经电化学处理后藻液中 OD_{680} 随培养时间的变化

结果表明，电解 10 min 足以抑制案例 1 中的藻类生长。而案例 2 需要 15 min 的电解时间。图 5.4.1（a）、图 5.4.1（b）中抑制藻类生长所需的电解时间不同，表明电场对抑制

藻类生长有贡献，但难以定量计算。图 5.4.1（b）也显示，电极产生的氧化剂在较低的
Cl⁻浓度下，电解时间为 15～20 min，可以抑制铜绿微囊藻的生长。因此，电场和电生氧
化剂都是抑制藻类生长的重要因素。单独依赖电生氧化剂对藻类的抑制作用也是有效的。

我们可以看出案例 2 和案例 3 的 OD_{680} 变化趋势基本相同，这意味着案例 2 产生的
主要氧化剂是活性氯和 H_2O_2。本实验中 OD_{680} 的微小差异可能是由微量的其他氧化剂造
成的。

案例 1：采用 100 mL BG-11 培养基（细胞密度为 5×10^5 个/mL），案例 2：采用 95 mL
电化学处理的 BG-11 培养基，与 5 mL 铜绿微囊藻藻液（细胞密度为 1×10^7 个/mL）混合
（电流密度为 20 mA/cm²；Cl⁻质量浓度为 18 mg/L）；案例 3：将案例 2 产生的活性氯和 H_2O_2，
加入 100 mL 藻液中，然后将藻液在 BG-11 培养基混合（藻液的细胞密度为 5×10^5 个/mL）。

5.4.2　活性氯和过氧化氢的生成

不同操作条件下检测到的活性氯和过氧化氢（H_2O_2）物质的量浓度如表 5.4.1 所示。

表 5.4.1　不同实验条件下活性氯和 H_2O_2 的物质的量浓度

实验条件		活性氯（10^{-6} mol/L, Cl_2）	H_2O_2（10^{-6} mol/L）
电流密度/（mA/cm²）	0	ND	ND
	4	0.54±0.12	0.54±0.05
	8	1.33±0.15	1.35±0.09
	12	2.52±0.20	1.58±0.05
	16	3.22±0.21	1.40±0.08
	20	3.62±0.18	1.15±0.05
电解时间/min	0	ND	ND
	1	0.50±0.12	0.29±0.05
	2	0.88±0.15	0.55±0.06
	5	1.75±0.20	1.10±0.05
	10	2.70±0.21	1.36±0.09
	15	3.62±0.18	1.15±0.05
	20	3.67±0.12	1.08±0.05
Cl⁻质量浓度/（mg/L）	0	ND	3.68±0.16
	6	0.80±0.15	3.13±0.15
	12	2.31±0.02	1.91±0.18
	18	3.62±0.18	1.15±0.05

注：ND 表示活性氯或 H_2O_2 检测不出或无统计学意义。

随着电流密度、电解时间和初始 Cl⁻质量浓度的增加，活性氯的物质的量浓度增加。

在表 5.4.1 中，电化学处理 15 min 后，在电流密度为 20 mA/cm^2 时，初始 Cl$^-$ 质量浓度为 18 mg/L 的溶液中检测到 3.62×10^{-6} mol/L 活性氯。初始 Cl$^-$ 质量浓度越高，活性氯的转化率越高。氯离子质量浓度在 0～15 min 时随电解时间的延长而增加，但在 15 min 后无明显增加。因此，随着电解时间的增加，电化学生成的活性氯可能会生成副产物。

活性氯的最大物质的量浓度为 3.67×10^{-6} mol/L（表 5.4.1）。一般情况下，建议用于消毒的残留氯的物质的量浓度为 7.04×10^{-6}～14.08×10^{-6} mol/L（Acero et al., 2005）。在饮用水处理厂中，使用 5.63×10^{-5} mol/L 的氯可以杀死藻华期间存在的 96% 以上的藻类（Shen et al., 2011）。

H$_2$O$_2$ 是一种高效的蓝藻氧化剂。随着电流密度的增加，H$_2$O$_2$ 物质的量浓度开始增加，因为电流密度的增加意味着更多电子的流动和反应的发生。随着氯离子质量浓度从 0 mg/L 增加到 18 mg/L，H$_2$O$_2$ 物质的量浓度迅速下降，可能原因是 H$_2$O$_2$ 与 ClO$^-$ 的反应，因为氯离子质量浓度越高，生成的活性氯越多。

5.4.3　抑藻效果与氧化剂浓度的关系

不同电流密度下电解时间、Cl$^-$ 质量浓度，经由电生氧化剂处理后，藻液中 OD$_{680}$ 的变化如图 5.4.2。实验结果表明，电流密度、电解时间和初始 Cl$^-$ 质量浓度对藻类的抑藻有一

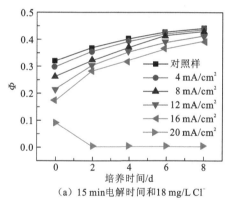

（a）15 min电解时间和18 mg/L Cl$^-$

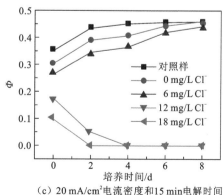

（b）20 mA/cm^{2}电流密度和18 mg/L Cl$^-$

（c）20 mA/cm^{2}电流密度和15 min电解时间

图 5.4.2　电解样本在电化学处理后的反应量子产率 Φ 随培养时间的变化

定的影响。电流密度是影响电化学氧化比的一个关键经验参数，因为它调节着电子转移速率和活性物质生成的能力。本实验研究了电流密度在 4～20 mA/cm² 的影响，如图 5.4.2（a）所示。随着电流密度的增加，活性物质生成浓度迅速增加，在电流密度大于 16 mA/cm² 时，电解生成氧化剂抑制藻类生长。

在电解时间为 0～20 min 时，藻类的抑制作用随时间增加而增强，仅当电解时间大于 15 min 才有效。藻类抑制效率随初始 Cl⁻ 质量浓度的增加而增加，Cl⁻ 质量浓度在 12 mg/L 以上均能有效抑制藻类生长（氯化物产量超过 3.01×10⁻⁶ mol/L）。这些结果表明，在低 Cl⁻ 质量浓度下，电生氧化剂对藻类的抑制是有效的。

为了阐明藻类抑制效率和氧化剂浓度之间的关系，总氯浓度和 H_2O_2，活性氯浓度和 H_2O_2 浓度分别用来划分藻类抑制效率（图 5.4.3）。藻类抑制效率 θ 定义如下。

$$\theta = (\Phi_0 - \Phi) / \Phi_0 \qquad (5.4.1)$$

式中：Φ 为电解样本在电化学处理后的反应量子产率；Φ_0 是对照样本的反应量子产率。如图 5.4.3 所示，总氯物质的量浓度和 H_2O_2 与 $\ln\theta$ 呈正相关（R^2=0.980 7），表明这两种氧化剂在藻类抑制中起了非常重要的作用。抑藻效果与活性氯物质的量浓度呈正相关（R^2=0.957 8），但藻类抑制效率与 H_2O_2 物质的量浓度无相关性（R^2=0.519 8）。笔者通过分析活性氯和 H_2O_2 的物质的量浓度及 Cl⁻ 质量浓度为 18 mg/L 时的藻类抑制效率，建立了多元线性回归相关关系

$$\ln\theta = a \cdot C_{\text{chlorines}} + b \cdot C_{H_2O_2} + c \qquad (5.4.2)$$

式中：$\ln\theta$ 是藻类抑制效率；$C_{\text{chlorines}}$ 是活性氯的物质的量浓度，10⁻⁶ mol/L；$C_{H_2O_2}$ 是 H_2O_2 物质的量浓度，10⁻⁶ mol/L；a 是活性氯的系数；b 是 H_2O_2 的系数；c 是常数。

式（5.4.2）中拟合参数 a、b、c 分别为 0.877 2、0.665 5、-4.219 2。相关系数回归良好，R^2 高达 0.993 5。相关系数描述了在去除控制变量 Z 的影响时 X 和 Y 之间的关系，可以用来检验条件独立性。$C_{\text{chlorines}}$ 和 $C_{H_2O_2}$ 与 $\ln\theta$ 的部分相关系数也反映了 $C_{\text{chlorines}}$ 和 $C_{H_2O_2}$ 对 $\ln\theta$ 单独的作用，相关系数值分别是 0.986 7 和 0.811 2。因此，在 Cl⁻ 初始质量浓度为 18 mg/L 时，活性氯的抑藻效果优于 H_2O_2。在天然水体中氯离子浓度较低的情况下，活性氯在抑制藻类中起着关键作用，H_2O_2 对抑制藻类的作用相对较小。

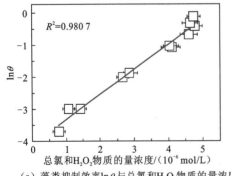

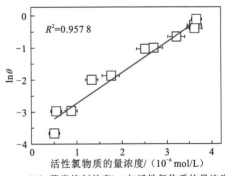

（a）藻类抑制效率ln θ与总氯和H₂O₂物质的量浓度　　　　（b）藻类抑制效率ln θ与活性氯物质的量浓度

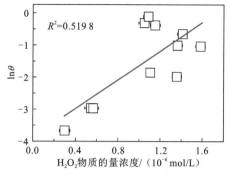

（c）藻类抑制效率 $\ln\theta$ 与 H_2O_2 物质的量浓度（Cl^- 质量浓度18 mg/L）

图 5.4.3　藻类抑制效率与氧化剂相关性分析

5.5　本 章 小 结

（1）微电流电解抑藻的各项影响因素中，阳极材料对抑藻效果影响较大，阴极材料影响较小，综合考虑抑藻效果及经济因素，选择钌钛（Ti/RuO_2）电极和不锈钢电极分别作为阳极和阴极材料。

（2）对于初始藻细胞密度为 5×10^5 个/mL、藻液体积为 100 mL 的铜绿微囊藻藻液而言，控制电解时间为 15 min，微电流电解抑藻的临界电流阈值为 10 mA/cm^2，当电解所采用的电流密度等于或大于该值时，藻类的生长可以被完全抑制。

（3）当微电流电解的电流密度小于临界电流密度时，藻类的光系统 II 受损，但电解对铜绿微囊藻细胞的胁迫并未超过藻类的耐受能力，经过后期的培养藻液的光系统活性可恢复正常。电解灭藻一方面是电解破坏了光系统 II 和捕光天线藻胆体之间的连接，使藻胆体无法继续向光系统 II 传递光能；另一方面是电解破坏了光系统 II 结构，阻碍其进行光合作用，最终导致藻细胞的死亡。

（4）电场直接作用和电化学产生活性物质的间接氧化都是微电流电解过程中抑制藻类生长的重要因素。在 Ti/RuO_2 阳极表面发生的主要反应是 Cl^- 与水及 O_2 生成活性氯和 H_2O_2。活性氯物质的量浓度随电流密度、电解时间、初始氯离子质量浓度的增加而增大。H_2O_2 物质的量浓度随电流密度和电解时间的增加而增大，达到最大值后逐渐减小。电化学氧化对藻类的抑制效果与活性氯浓度呈正相关，但与 H_2O_2 物质的量浓度相关性不强。在天然水体氯离子浓度条件下，电解生成活性氯比 H_2O_2 更有效。

第 **6** 章

碳纤维净化氮磷技术

本章采用室内模拟实验验证移动式水质净化系统关键处理技术——碳纤维净化单元的脱氮除磷能力。碳纤维净化单元主要利用碳纤维上微生物的代谢作用去除水体中的氮磷等营养盐,碳纤维上微生物挂膜效果与其脱氮除磷能力直接相关,因此,开展人工强化碳纤维挂膜研究,并探究人工强化挂膜碳纤维的水质净化效果与最佳挂膜条件,以期为利用碳纤维净化单元治理富营养化水体提供科学支撑。

6.1 实 验 设 计

为探讨如何提高碳纤维的挂膜效果与水质净化效果,设计开展以下实验。

实验 1:查明人工强化碳纤维挂膜与碳纤维自然挂膜效果差异。设置 2 个实验组,分别为微生物菌剂强化碳纤维挂膜实验组(以下简称"强化挂膜组")和碳纤维自然挂膜实验组(以下简称"自然挂膜组"),每组各设置 3 组平行实验。在每个实验装置中各加入 30 L 实验水样,强化挂膜组和自然挂膜组的碳纤维投加量均为 0.14 g/L,另外,强化挂膜组另投加 10 g 微生物菌剂,其他实验条件相同。实验周期为 13 d,实验开始后,在第 0 d、2 d、4 d、7 d、10 d、13 d 从实验装置中截取适量碳纤维,测定碳纤维上的微生物量,当微生物量达到平衡时,测定碳纤维上的微生物活性与微生物多样性。

实验 2:查明人工强化挂膜碳纤维与自然挂膜碳纤维水质净化效果的差异。设置 3 个实验组,分别为投加自然挂膜碳纤维实验组(以下简称"自然挂膜碳纤维组")、投加人工强化挂膜碳纤维实验组(以下简称"强化挂膜碳纤维组")和不投加碳纤维实验组(以下简称"空白对照组"),每组各设置 3 个平行实验。在每个实验装置中各加入 30 L 实验水样,其中,人工强化挂膜碳纤维组采用第一部分实验中微生物菌剂人工强化挂膜 7 d 的碳纤维,自然挂膜碳纤维组采用第一部分实验中自然挂膜 7 d 的碳纤维,其他实验条件相同。实验周期为 19 d,实验开始后,分别在第 0 d、2 d、4 d、7 d、10 d、13 d、16 d、19 d 取 100 mL 水样,检测水体总氮和氨氮质量浓度。

实验 3:探究影响碳纤维挂膜的主要技术参数。考察曝气方式、水体 pH 和水温对碳纤维挂膜效果的影响,分别设置曝气方式组、pH 组和水温组,其中,曝气方式组设置 5 个梯度,分别为每天曝气 0 h(不曝气)、3 h、6 h、12 h 和 24 h(连续曝气)。pH 组设置 4 个梯度,分别为 6、7、8 和 9。水温组设置 4 个梯度,分别为 20 ℃、25 ℃、30 ℃ 和 35 ℃。实验周期为 13 d,实验开始后,分别在第 0 d、2 d、5 d、7 d、9 d、11 d、13 d 取 0.1 g 碳纤维,检测碳纤维上的微生物量。

6.1.1 实验材料

实验所用的碳纤维材料为聚丙烯腈基碳纤维,型号为 T-700。单束碳纤维的规格:0.45 m×0.20 m,质量为 4.20 g,每束含 12 000 根碳纤维丝,单束碳纤维丝的直径为 7 μm,比表面积为 2 000 m²/g。除氮菌剂采用复合型除氮菌种,包含硝化菌、反硝化菌、枯草芽孢杆菌、光合细菌、乳酸菌等微生物。实验装置为 50 cm×32 cm×40 cm 的有机玻璃箱。

实验水样取自武汉市塔子湖,水质为劣 V 类,其总氮质量浓度约为 2.50 mg/L,总磷质量浓度约为 0.25 mg/L。实验试剂主要包括磷酸二氢钾、氢氧化钠、过硫酸钾、抗坏血酸、钼酸铵、酒石酸锑钾、硫酸、盐酸、硝酸钾、三氯甲烷、甲醇、氯化钠、高锰酸钾、草酸钠、乙醇、邻苯二甲酸氢钾等，均为分析纯。实验仪器主要包括微生物鉴定系统、YSI EXO2 多参数水质分析仪、电热恒温水浴锅、高压蒸汽灭菌器、紫外可见分光光度计、电子天平、垂直流超净工作台、恒温摇床、生物显微镜、溶解氧测定仪、超声波清洗器、电热恒温培养箱等。

6.1.2　实验方法

碳纤维上微生物指标（微生物量、微生物活性与微生物多样性等）的测定方法如下。

（1）微生物量的测定方法：取适量碳纤维样品，将其放置于 50 mL 具塞比色管中，分别加入 10 mL CH₃OH、5 mL CHCl₃ 和 4 mL H₂O 进行微生物量的萃取，用力振摇 10 min 使其充分混合，静置 12 h，而后继续向 50 mL 比色管中加入 5 mL CHCl₃ 和 5 mL H₂O，再次静置 12 h。从 50 mL 比色管中抽取 5 mL 下层有机相，然后将其转移至 10 mL 具塞比色管中，进行水浴蒸干。待刚好蒸干后加入 0.8 mL 5%过硫酸钾溶液，稀释至 10 mL 刻度线，消解 30 min，按照制作标准曲线的方法测定消解液中的磷酸盐浓度，微生物量结果以 nmol P/g CF 表示。

（2）微生物活性的测定方法：将碳纤维上的微生物无菌条件下接种至生态板内，在 28 ℃电热恒温培养箱培养一段时间，微生物通过呼吸作用利用孔内单一碳源产生的自由电子与 2,3,5-氯化三苯基四氮唑（2,3,5-triphenyltetrazolium chloride，TTC）反应变色，通过测定其吸光度值来反映微生物对碳源的代谢特征。微生物碳源利用 Biolog 微平板分析法研究环境微生物的代谢活性和群落结构等，其能够有效获得微生物群落的总体代谢活性及微生物多样性，微生物群落的总体代谢活性采用每孔颜色平均变化率（average well color development，AWCD）表征，AWCD 值表征微生物群落的数量、结构特性，其值越大说明微生物群落的总体代谢活性越高。

（3）微生物多样性的测定方法：微生物多样性指标中丰富度指数（S）、香农-维纳（Shannon-Wiener）多样性指数（H'）、皮卢（Pielou）均匀度指数（E）和辛普森（Simpson）优势度指数（D_s）计算方法分别如下。

丰富度指数：S=微平板中碳源被利用的总数（$C_i-R>0.25$），即 C_i-R 值大于 0.25 的孔数。

香农-维纳多样性指数：

$$H' = -\sum_{i=1}^{s} P_i \lg P_i \tag{6.1.1}$$

皮卢均匀度指数：

$$E = \frac{H'}{\ln S} \tag{6.1.2}$$

辛普森优势度指数：

$$D_s = 1 - \sum P_i^2 \tag{6.1.3}$$

式中：P_i 为第 i 个非对照孔中的光密度与所有非对照孔光密度总和的比值，计算公式为

$$P_i = \frac{C_i - R}{\sum (C_i - R)} \tag{6.1.4}$$

总氮的测定采用碱性过硫酸钾消解紫色分光光度法；氨氮的测定采用纳氏试剂比色法；水温、电导率和溶解氧等其他参数采用 YSI EXO2 多参数水质分析仪测定。

所有的统计分析均在 Windows 操作平台上使用 Excel 和 Origin9.1 完成，所有的检验结果均来自 3 个独立样品分析结果的平均值，实验结果用平均值±标准偏差表示。

6.2 碳纤维的挂膜效果

6.2.1 生物膜的表观变化

通过观察碳纤维表观变化，可定性判断生物膜的挂膜启动、成熟和脱落过程。强化挂膜组碳纤维的表观变化如图 6.2.1 所示，挂膜后的第 2 d，碳纤维表面出现浅灰色胶状絮状物；第 5 d，胶状絮状物颜色明显变深，胶状絮状物明显增多；第 7 d 时，碳纤维上生物膜的厚度增加，生物膜颜色加深，变为深黄褐色；第 10 d，生物膜颜色变为淡黄色；第 13 d，强化挂膜组碳纤维上生物膜有减少趋势，且出现部分生物膜脱落，沉积在实验装置底部，颜色变为深灰色。自然挂膜组在第 2 d、第 5 d 均没有明显变化，第 7 d 观察到碳纤维上有少量的浅灰色胶状絮状物，但生物膜厚度明显低于强化挂膜组，第 10 d 和第 13 d，碳纤维上浅灰色絮状物略有增多，但变化不明显。图 6.2.2 为挂膜第 7 d 时自然挂膜组和强化挂膜组碳纤维的表观图。

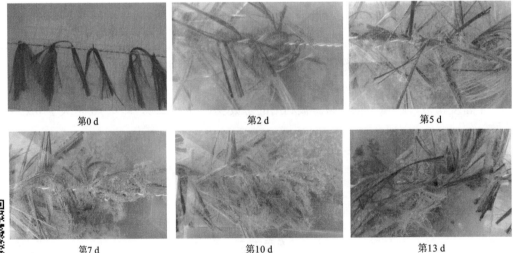

图 6.2.1 强化挂膜组碳纤维表观变化图

（a）自然挂膜组　　　　　　　　　　　　　（b）强化挂膜组

图 6.2.2　挂膜第 7 d 自然挂膜组与强化挂膜组碳纤维表观图

挂膜第 7 d 时，通过显微镜观察发现，强化挂膜组碳纤维上出现大量菌胶团，而自然挂膜组仅有少量菌胶团（图 6.2.3），菌胶团为细菌的大量繁殖提供稳定的生存空间和适宜的代谢环境，强化挂膜组菌胶团明显多于自然挂膜组，表明微生物菌剂可明显强化碳纤维的挂膜效果，此外，强化挂膜组生物膜上还发现少量轮虫，而自然挂膜组并未发现轮虫，自然挂膜组微生物种群结构较贫乏。轮虫作为生物膜挂膜成熟的指示生物，表明微生物菌剂可缩短碳纤维上生物膜成熟的时间。

（a）自然挂膜组　　　　　　　　　　　　　（b）强化挂膜组

图 6.2.3　挂膜第 7 d 自然挂膜组与强化挂膜组碳纤维镜检图

6.2.2　碳纤维上微生物量的变化

碳纤维上的微生物量变化可反映微生物的生长代谢过程，与水体中氮磷等营养盐的含量密切相关。在本实验中，强化挂膜组和自然挂膜组碳纤维上微生物量均呈先上升后下降的变化趋势（图 6.2.4）。净化初期水体中营养盐浓度较高，满足微生物生长和繁殖的需求，微生物量快速增加，后期由于营养物质匮乏，微生物量开始下降。碳纤维上微生物量的变化与水体中总氮、氨氮等营养盐浓度表现出高度相关性。

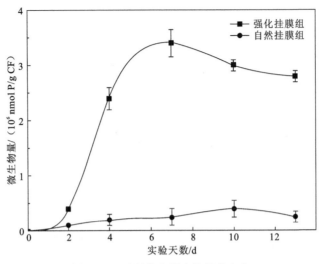

图 6.2.4　碳纤维上微生物量的变化

强化挂膜组碳纤维微生物量在第 7 d 时达到最大值,最大值为 $3.46×10^6$ nmol P/g CF,并在该时间点观察到碳纤维上附着大量菌胶团和少量轮虫。菌胶团和轮虫标志着生物膜挂膜成熟。而自然挂膜组微生物量在第 10 d 达到最大值,最大值仅为 $3.07×10^5$ nmol P/g CF,明显低于强化挂膜组。实验后期由于水体中营养盐浓度降低,生物膜开始衰老和脱落,碳纤维上微生物量开始下降。第 13 d 时,强化挂膜组碳纤维上的微生物量降低至 $2.96×10^6$ nmol P/g CF,自然挂膜组碳纤维上微生物量下降至 $2.53×10^5$ nmol P/g CF。在本实验周期内,强化挂膜组碳纤维上微生物量始终高于自然挂膜组,微生物量峰值是自然挂膜组的 11.3 倍,且碳纤维上微生物膜成熟的时间缩短,表明利用微生物菌剂强化挂膜可明显提高碳纤维上的微生物量,并缩短生物膜挂膜的成熟时间。

6.2.3　碳纤维上微生物活性的变化

碳纤维上的微生物活性反映微生物代谢的活力,与其脱氮能力直接相关。本实验选取挂膜第 10 d 时的碳纤维生物膜,利用 Biolog 微平板分析法进行培养和检测,以各孔颜色平均变化率表征培养过程中微生物的活性,AWCD 峰值代表生物膜中微生物的总体代谢活性。强化挂膜组和自然挂膜组均在 120 h 达到峰值,自然挂膜组微生物活性为 0.06,强化挂膜组微生物活性为 0.21,明显高于自然挂膜组,为自然挂膜组的 3.5 倍(图 6.2.5),强化挂膜组碳纤维上的微生物活性明显高于自然挂膜组,表明微生物菌剂的添加可明显增强挂膜微生物的活性。

强化挂膜组碳纤维上的微生物活性明显高于自然挂膜组,主要是由于强化挂膜组添加外源菌剂,其中包括硝化菌、反硝化菌、枯草芽孢杆菌、光合细菌、乳酸菌等菌种,可高效地利用水体中的营养物质,快速生长繁殖,形成微生物膜,同时,各类微生物的协同作用明显,形成了稳定、良性的微生物群落,从而增强了碳纤维上的微生物量及其活性，微生物活性的增强，可有效缩短碳纤维上生物膜挂膜成熟时间。

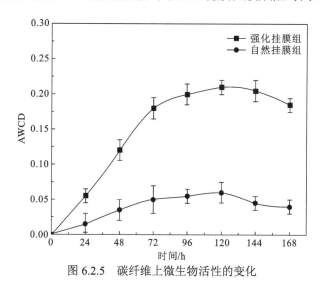

图 6.2.5　碳纤维上微生物活性的变化

6.2.4　碳纤维上微生物多样性指数

微生物多样性指数反映了微生物种群的丰富度和微生物群落结构的稳定性。本实验选取挂膜第 10 d 时的碳纤维，采用 Biolog 微平板分析法测定碳纤维上的微生物多样性。图 6.2.6 为强化挂膜组和自然挂膜组碳纤维上的微生物 Shannon-Wiener 多样性指数、Simpson 优势度指数、丰富度指数及 Pielou 均匀度指数，本实验结果表明强化挂膜组碳纤维上的微生物多样性均高于自然挂膜组。其中，Shannon-Wiener 多样性指数反映了微生物群落种类多样性，强化挂膜组碳纤维上存在较为丰富的微生物群落种类；Simpson

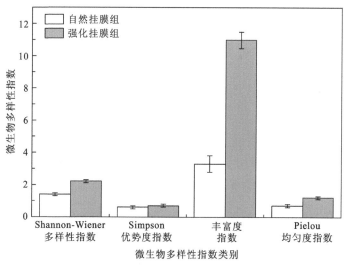

图 6.2.6　碳纤维上微生物活性的变化

优势度指数反映群落中某些菌种的优势度，两种挂膜形式的微生物优势度差异不大；丰富度指数直观地体现微生物群落种类的多少，强化挂膜组碳纤维上微生物群落种类明显高于自然挂膜组；Pielou 均匀度指数反映了群落的均一性，强化挂膜组碳纤维上微生物群落的均一性较好。强化挂膜组碳纤维上的微生物多样性明显高于自然挂膜组，主要是因为强化挂膜组额外添加了硝化菌、反硝化菌、枯草芽孢杆菌、光合细菌、乳酸菌等外源菌种进行人工强化挂膜，使挂膜碳纤维上的微生物种类增加，从而微生物多样性明显增加。

6.3　碳纤维的水质净化效果

6.3.1　总氮的去除效果

水体中总氮主要以氨氮、硝态氮等形式存在。强化挂膜碳纤维组和自然挂膜碳纤维组的水体总氮质量浓度在前 13 d 均呈下降的趋势，之后趋于稳定，空白对照组总氮质量浓度变化不明显（图 6.3.1）。自然挂膜碳纤维组的总氮质量浓度由 2.50 mg/L 下降至 2.02 mg/L，总氮削减率为 19.2%。强化挂膜碳纤维组的总氮质量浓度由 2.50 mg/L 下降至 1.82 mg/L，总氮削减率为 27.2%。自然挂膜碳纤维组和强化挂膜碳纤维组较空白对照组均有较好的脱氮效果，同时，强化挂膜碳纤维组总氮的削减率较自然挂膜碳纤维组提高了 8.0%，即强化挂膜碳纤维组的总氮削减率明显高于自然挂膜碳纤维组和空白对照组。

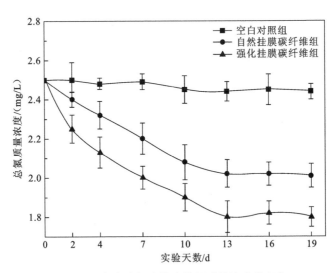

图 6.3.1　各实验组水体中总氮质量浓度的变化

碳纤维上的微生物膜形成好氧和厌氧微环境，可同时发生硝化和反硝化反应，从而提高了水体脱氮效率。自然挂膜碳纤维组和强化挂膜碳纤维组的微生物大量富集在碳纤维表面，形成生物膜，生物膜表面是好氧环境，发生硝化反应，而生物膜内部是厌氧环境，发生反硝化反应，使其脱氮效率提高，因此，自然挂膜碳纤维组和强化挂膜碳纤维组的脱氮效率高于空白对照组。强化挂膜碳纤维组的总氮去除率高于自然挂膜碳纤维组的原因：一方面强化挂膜碳纤维组的碳纤维上微生物量和微生物活性明显高于自然挂膜碳纤维组，微生物通过硝化与反硝化作用，使水中的无机氮通过氧化还原反应转化为氮气排出水体，从而使水中总氮质量浓度降低；另一方面强化挂膜碳纤维组生物膜的量较高，通过碳纤维表面生物膜的物理吸附作用，水中颗粒态氮含量明显下降，因此，总氮含量明显降低。

6.3.2 氨氮的去除效果

氨氮是水体富营养化的主要评价指标之一。在本实验周期内，各实验组的氨氮质量浓度均呈下降的趋势，实验开始前 2 d，各组的氨氮去除效果较好，可能由于实验初期，水体溶解氧充足，好氧环境能抑制氨氮的产生，并加快氨氮的分解，同时，实验初期水体中营养物质较丰富，硝化菌对氧的竞争能力强于异养菌，硝化作用明显，硝化速率较快，因此，快速使水中的氨氮氧化转变为硝态氮或通过硝化菌生化作用吸收，从而，在实验初期水体中氨氮质量浓度急剧下降。之后氨氮质量浓度一直呈下降的趋势，但下降幅度较小，可能是有机氮的分解作用强于硝化作用，导致氨氮削减速度减缓，随着微生物在碳纤维上的富集，对氨氮去除作用一直保持稳定。其中，强化挂膜碳纤维组氨氮的削减率明显高于自然挂膜碳纤维组。自然挂膜碳纤维组的氨氮质量浓度由 2.20 mg/L 下降至 1.42 mg/L，氨氮削减率为 35.5%。强化挂膜碳纤维组的氨氮质量浓度由 2.20 mg/L 下降至 1.02 mg/L，氨氮削减率为 53.6%，较自然挂膜碳纤维组提高了 18.1%（图 6.3.2）。结果表明，人工强化挂膜碳纤维能有效提高水体中氨氮的削减率。

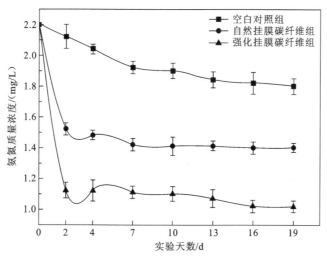

图 6.3.2 各实验组水体中氨氮质量浓度的变化

6.4 碳纤维挂膜的主要影响因素

水体溶解氧、pH 和水温环境条件直接影响微生物的生长代谢，从而影响碳纤维上微生物的挂膜效果，因此，本实验通过开展碳纤维上微生物挂膜实验（图 6.4.1），对比研究不同曝气方式、水体 pH 和水温条件下，碳纤维上的微生物量随时间的变化规律，优选碳纤维挂膜的主要技术参数。

图 6.4.1 碳纤维上微生物挂膜实验图

6.4.1 曝气方式

曝气方式为不曝气、间隔曝气和连续曝气，每天的曝气时间分别为 0 h（不曝气）、3 h、6 h、12 h 和 24 h（连续曝气）。不同曝气时间间隔下碳纤维上的微生物量变化见图 6.4.2，其中，碳纤维上的微生物量采用生物膜中脂磷的含量进行表征。从图 6.4.2 中可看出，各实验组碳纤维上的微生物量均呈抛物线变化，即碳纤维上微生物量随挂膜时间先增加后降低。随着曝气时间的增加，碳纤维上微生物含量变化显著，其中，当每天曝气时间为 0 h，即不曝气时，碳纤维上微生物量在第 7 d 达到最高值，为 128 μmol P/g CF；当每天曝气时间为 3 h 时，碳纤维上的微生物量在第 5～7 d 达到最高值，为 87 μmol P/g CF；当每天曝气时间为 6 h 时，碳纤维上的微生物量在第 2～5 d 达到最高值，为 123 μmol P/g CF；当每天曝气时间为 12 h 时，碳纤维上的微生物量在第 9 d 达到最高值，为 117 μmol P/g CF；当每天曝气时间为 24 h 时，碳纤维上的微生物量在第 5～7 d 达到最高值，为 70 μmol P/g CF。综合考虑碳纤维上的微生物量峰值和曝气时间，在碳纤维挂膜预处理实验中，建议选用间歇曝气方式（每天曝气 6 h）下挂膜 3 d 的碳纤维。

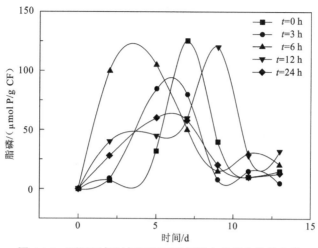

图 6.4.2　不同曝气时间间隔下碳纤维上的微生物量变化

6.4.2　pH

不同 pH 条件下,碳纤维上的微生物量变化见图 6.4.3。从图 6.4.3 中可以看出,各组碳纤维上的微生物量受水体 pH 的影响显著。当 pH 为 6 时,碳纤维上微生物量表现为先升高后降低,在第 7 d 降至最低点(28 μmol P/g CF),随后又升高的变化趋势;当 pH 为 7 和 8 时,碳纤维上的微生物量随时间的变化规律一致,即在 0~7 d 升高,在约第 7 d 升至最高点,随后降低的变化趋势,碳纤维上微生物量的最高值为 120 μmol P/g CF 左右;当 pH 为 9 时,碳纤维上的微生物量在实验周期内均低于 30 μmol P/g CF,碳纤维的挂膜效果较差。从实验结果可看出,水体 pH 在 7~8 时,碳纤维上微生物的挂膜效果最佳。

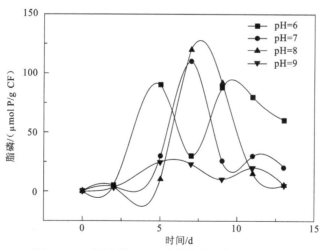

图 6.4.3　不同水体 pH 下碳纤维上的微生物量变化

6.4.3 水温

图 6.4.4 为不同水温下碳纤维上的微生物量变化，在水温 T 为 20～35 ℃内，碳纤维上微生物量均表现为先增加后降低的变化趋势。从图 6.4.4 中可看出，在挂膜第 5～7 d 时，碳纤维上微生物量达到最高值。其中，当水温为 20 ℃时，碳纤维上微生物量在第 7 d 达到最高值，为 52 μmol P/g CF；当水温为 25 ℃时，碳纤维上的微生物量在第 5 d 达到最高值，为 30 μmol P/g CF；当水温为 30 ℃时，碳纤维上的微生物量在第 5 d 达到最高值，为 76 μmol P/g CF；当水温为 35 ℃时，碳纤维上的微生物量在第 7 d 达到最高值，为 122 μmol P/g CF。综合考虑碳纤维上的微生物量峰值和水温，在碳纤维挂膜预处理实验中，建议选用 35 ℃水温下挂膜 7 d 的碳纤维。

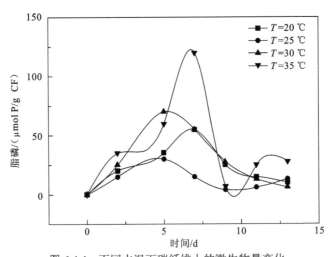

图 6.4.4　不同水温下碳纤维上的微生物量变化

6.5　本 章 小 结

（1）除氮菌剂可显著强化碳纤维的挂膜效果，强化挂膜组碳纤维上的微生物量和微生物活性较自然挂膜组显著提高，其中，强化挂膜组碳纤维上的微生物量峰值是自然挂膜组的 11.3 倍，微生物活性是自然挂膜组的 3.5 倍。

（2）除氮菌剂强化挂膜碳纤维的脱氮效果显著提高，与自然挂膜碳纤维组相比，强化挂膜碳纤维组的总氮和氨氮削减率分别提高了 8.0% 和 18.1%。

（3）曝气方式、水体 pH 和水温显著影响碳纤维上微生物量及微生物膜成熟的时间。碳纤维挂膜的最佳条件为：水体 pH 7～8，水温 35 ℃，每天曝气时间 6 h。

第 **7** 章

微孔曝气与吸附、微电流电解的协同效应

　　本章将微孔曝气装置与吸附装置、微电流电解装置分别进行有机耦合,研究曝气装置与吸附装置、微电流电解装置协同去除湖库水体中氮磷营养盐、藻类等的处理效果,并在此基础上研究了不同水处理单元在移动平台上的应用,为湖库富营养化水体移动式水质净化系统设计和实际应用提供基础支撑。

7.1 实验设计

7.1.1 微孔曝气-吸附协同处理室内实验

1. 实验用水

微孔曝气装置和吸附装置耦合实验在实验室进行，本实验采用天然水样，水样的基本物理化学性质为pH8.20，温度17.6 ℃，电导率248.0 μS/cm，总溶解固体188 mg/L，溶解氧6.62 mg/L，氧化还原电位260.9 mV，浊度10.14 NTU。在天然水体中添加磷酸二氢钾（KH_2PO_4，AR）和氯化铵（NH_4Cl，AR），以模拟受氮、磷污染的水体，溶液中氮、磷的质量浓度约为0.3 mg/L和3.0 mg/L。氮、磷的准确质量浓度以实际检测分析结果为准。

2. 实验装置

微孔曝气-吸附协同处理实验装置示意图如图7.1.1所示，该实验在2 L玻璃烧杯中进行。吸附材料需装入孔径为1 mm的不锈钢过滤网内悬挂于实验水体中。微孔曝气装置由增氧泵、软管及气盘石组成。气盘石可沉入水体底部，增氧泵通过气盘石将空气压入水中，使空气中的氧气与水充分接触，让部分氧气溶入水中，增加水的含氧量。

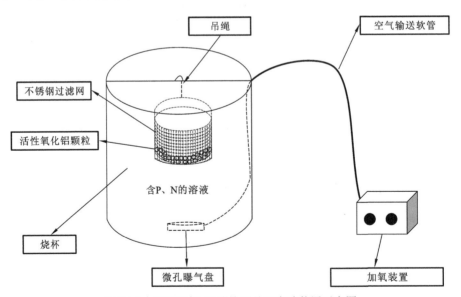

图 7.1.1　微孔曝气-吸附协同处理实验装置示意图

3. 样品测试

实验过程中总磷的分析采用《水质　总磷的测定　钼酸铵分光光度法》（GB 11893—89），氨氮的分析采用《水质　氨氮的测定　纳氏试剂分光光度法》（HJ 535—2009）。

4. 实验设置

根据前期室内实验筛选结果，本实验选用 3～5 mm 的活性氧化铝作为吸附材料，质量浓度为 8 g/L。称 16 g 活性氧化铝装入孔径为 1 mm 的不锈钢过滤网内悬挂于实验水体中。曝气时间为 12 h，根据曝气强度和曝气方式的不同，设置两组实验。每个实验组共建立 6 种不同的处理方法，具体实验设置如图 7.1.2 所示。在不同的曝气强度实验组中分别设置了 3 L/min 和 4 L/min 的曝气强度。在不同曝气方式实验组中，曝气方式分为连续曝气和间歇曝气（0.5 h 曝气+1 h 停止；1 h 曝气+2 h 停止），曝气强度为 2 L/min。

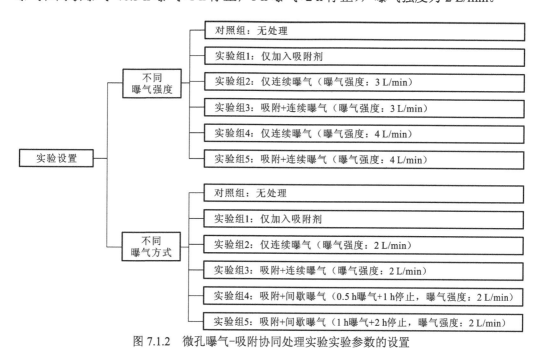

图 7.1.2 微孔曝气-吸附协同处理实验实验参数的设置

7.1.2 微孔曝气-吸附协同处理围隔实验

1. 实验用水

在围隔水体中分别投加一定量的 NH_4Cl、KH_2PO_4 试剂，使氨氮、磷酸盐质量浓度分别达到设定的 3.0 mg/L、0.3 mg/L，污染物质量浓度以实测为准，氮磷污染水体配制好后，放置 24 h，开展实验。

2. 围隔构建

实验用的浮式围隔主体支撑架构为钢管焊接而成，用不透水帆布材料做围隔袋，围隔上方敞开，尺寸为 2 m×1 m×1 m（长×宽×深），泵入 1.2 m³ 汉阳沌口生态塘内的塘水，围隔内的实验水体与围隔外的池塘水体无交换。围隔实验现场如图 7.1.3 所示。

图 7.1.3　围隔实验现场

3. 吸附材料的选择

采用室内实验优选出的活性氧化铝和锰砂，装入孔径为 4 mm 左右的柱状塑料网，用匝带密封。

4. 曝气参数及方式的选择

微孔曝气装置中微孔曝气管直径为 67 mm，长度为 500 mm，设计水深为 4~8 m，作用面积为 0.98~2.35 m²。本实验中的微孔曝气装置由空压机及微孔曝气管组成，空压机的作用是向微孔曝气管中提供气源动力，保证微孔曝气气体的连续性。空压机向微孔曝气管提供的气压及流量由气体流量计控制。

将吸附材料放入围隔水体，间隔 0.5 h、1.0 h、2.0 h、3.0 h、4.0 h、5.0 h 和 6.0 h 取样，测定水体中的总磷、氨氮及其他水质参数。每次实验完毕后，从围隔内取出吸附材料。

5. 样品测试

在现场围隔实验过程中采用多参数水质分析仪（YSI EXO2）在线监测水质其他参数，包括：水温（℃）、电导率（μS/cm）、盐度（ppt）、pH、ORP（mV）、溶解氧（mg/L）、浊度（NTU）、叶绿素 a（μg/L）。

7.1.3　微孔曝气-微电流电解协同处理室内实验

1. 藻细胞培养

藻细胞采用 BG-11 培养基在温度为 25 ℃，光暗比为 14 h∶10 h，光照强度为 2 000 lx 的光照培养箱（MGC-250BP-2）中培养。在藻细胞生长的不同时期，利用研究级生物显微镜（Axio Imager A2，ZEISS）及血球计数板计数法测定铜绿微囊藻的细胞密度

N（10^7 个/mL）。将处于对数生长期的铜绿微囊藻配制成细胞密度为 $5×10^4～2×10^7$ 个/mL 的藻液，利用紫外可见分光光度计在波长 680 nm 处检测其光密度 OD_{680}，根据 OD_{680} 与细胞密度 N（10^7 个/mL）的关系得到藻细胞生长曲线方程为细胞密度 N（10^7 个/mL）= 1.642 8×OD_{680}−0.003 5，R^2=0.999 5。

2. 碳黑聚四氟乙烯气体扩散电极的制备与表征

碳黑聚四氟乙烯（carbon black polytetrafluoroethylene，C/PTFE）气体扩散电极，C/PTFE 气体扩散电极的制备采用如下方法：剪取若干块 2.5 cm×7.5 cm 的不锈钢网放入乙醇中超声 15 min，用去离子水洗净后烘干备用。称取 0.75 g XC-72 型碳黑置于 100 mL 烧杯中，加入 20 mL 无水乙醇，超声 20 min，再加入 1 mL 60%（质量分数）聚四氟乙烯乳液，继续超声 20 min 后置于 80 ℃恒温水浴锅中加热，用玻璃棒不断搅拌使乙醇逐渐挥发，直至刚好形成膏状。将膏状物涂在不锈钢网两面并压片保持 1 min，使两侧负载厚度为 0.5 mm。最后，将成形的电极放入马弗炉内于 350 ℃煅烧 60 min，经过自然降温，即可制得所需的 C/PTFE 气体扩散电极。为了观察 C/PTFE 电极的表面特性，使用 TESCAN MIRA LMS 场发射扫描电镜观察 C/PTFE 气体扩散电极的表观形貌，电镜的分辨率为 1 μm，加速电压为 15 kV（Perez et al.，2017）。

3. 碳黑聚四氟乙烯气体扩散电极抑制铜绿微囊藻生长的最佳条件

将培养至对数生长期的铜绿微囊藻接种于 BG-11 培养基中，配制成初始藻细胞密度约为 $5×10^5$ 个/mL 的藻液（OD_{680}=0.035）。以铂钛为阳极，C/PTFE 气体扩散电极为阴极，电极间距为 4 cm，在不同条件下（电解时间 0～60 min、电流密度 5～20 mA/cm^2、电极间距 1～4 cm 和通入 O_2 流量 0.1～0.4 L/min）依次探究 C/PTFE 气体扩散电极对藻细胞的抑制作用，同时设置一组未经过电解处理的藻液作为对照。实验结束后，将电解前后的藻液倒入 100 mL 的三角瓶中置于光照培养箱中培养 8 d，分别在 0 d、2 d、4 d、6 d、8 d 取出测定其 OD_{680}，以 OD_{680} 的变化表示藻细胞的生长状态（Ma et al.，2012），每组实验做 3 次平行实验，取平均值。对比不同实验组的 OD_{680}，判断不同条件下 C/PTFE 气体扩散电极对藻细胞生长抑制的有效性，并对比得出最佳抑制条件。

4. 过氧化氢浓度及铜绿微囊藻光合活性的测定

为了验证 H_2O_2 的实际生成量，采用草酸钛钾分光光度法对 H_2O_2 浓度进行测定（Sellers，1980）。使用多激发波长调制叶绿素荧光仪（PHYTO-PAMII）测定电解前后铜绿微囊藻的叶绿素荧光参数 F_v/F_m、Y(II) 和 Y(NO) 值，以表示电解前后藻细胞光合活性变化。其中，F_v/F_m 代表光系统 II 的最大光量子产量，Y(II) 代表实际光量子产量，Y(NO) 表示非调节性能量耗散的量子产量。

5. 碳黑聚四氟乙烯气体扩散电极稳定性测定

将电解实验使用后的 C/PTFE 气体扩散电极进行回收，用去离子水洗净之后置于

60 ℃烘箱中烘干备用。在最佳抑制条件下，将回收后的 C/PTFE 气体扩散电极再次应用到电解体系中，观察电解过程中电极生成 H_2O_2 浓度的变化，经过多次重复使用后评价 C/PTFE 气体扩散电极的稳定性，为其实际应用提供参考。

7.2　微孔曝气-吸附协同处理效果

7.2.1　不同曝气强度下协同去除磷酸盐的效果

图 7.2.1 和表 7.2.1 显示了不同曝气强度下磷酸盐质量浓度及去除率变化的实验结果。设置磷酸盐实测质量浓度初始值为 0.31 mg/L，从图 7.2.1 中可以看出，对照组中磷酸盐质量浓度基本没有变化，12 h 质量浓度仅仅减少了 2.78%，这表明单靠水体土著微生物的自净作用难以将水中磷酸盐去除，尤其是微生物含量较低时。吸附组（实验组 1）的除磷效果明显，磷酸盐去除率约为 40%。在曝气条件下，曝气强度为 3 L/min（实验

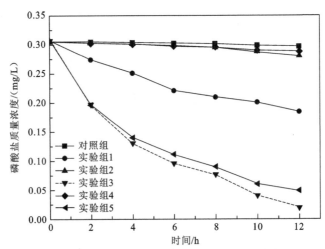

图 7.2.1　不同曝气强度下磷酸盐质量浓度变化

表 7.2.1　不同曝气强度下磷酸盐去除率变化

实验组	处理方式	磷酸盐去除率/%
对照组	无处理	2.78
实验组 1	仅加入吸附剂	40.00
实验组 2	仅连续曝气（曝气强度：3 L/min）	8.33
实验组 3	吸附+连续曝气（曝气强度：3 L/min）	92.48
实验组 4	仅连续曝气（曝气强度：4 L/min）	6.21
实验组 5	吸附+连续曝气（曝气强度：4 L/min）	83.99

吸附剂：活性氧化铝；吸附剂质量浓度：8 g/L；连续曝气持续时间均为 12 h。

组 2）时，磷酸盐去除率为 8.33%，而曝气强度为 4 L/min（实验组 4）时，磷酸盐去除率仅为 6.21%，这表明较大的曝气强度并不一定会提高磷酸盐去除率。

在吸附和曝气的协同作用下，磷酸盐的去除率明显提高。曝气强度为 3 L/min（实验组 3），连续曝气 12 h 后，磷酸盐去除率达到 92.48%。曝气强度为 4 L/min（实验组 5），连续曝气 12 h 后，磷酸盐去除率为 83.99%。实验组 5 磷酸盐的去除率低于实验组 3 磷酸盐的去除率，原因可能是高曝气强度使得水流会冲走吸附在活性氧化铝表面的一些磷酸盐，导致磷酸盐去除率减小。

以上结果表明，在不同曝气强度下，吸附结合曝气对磷酸盐的协同去除率明显高于单独曝气或单独吸附。活性氧化铝吸附剂的表面分子可与水结合生成氢氧化铝，进而与磷酸根离子发生离子交换，生成磷酸盐沉淀（Wang et al.，2009；Tripathy et al.，2008；Genz et al.，2004）。曝气则可以增强微生物活性，促进好氧微生物的生长，并通过微生物作用减少部分磷酸盐（Litti et al.，2013；Lu et al.，2010）。当吸附与曝气结合起来时，对磷酸盐的去除率更高，这是因为曝气可以增大水体流速，提高活性氧化铝向磷酸盐的扩散速率，使其保持相对较高浓度，从而提高吸附剂的吸附效率，进而提高了去除率。但曝气强度的提高并没有提高磷酸盐的去除率。

7.2.2　不同曝气强度下协同去除氨氮的效果

图 7.2.2 和表 7.2.2 是不同曝气强度下氨氮质量浓度及去除率变化的实验结果。从图 7.2.2 中可以看出，对照组的氨氮质量浓度没有显著变化，12 h 后仅降低了约 3.00%。吸附组（实验组 1）氨氮去除率为 8.17%。在仅曝气条件下氨氮的质量浓度没有显著变化。在曝气强度为 3 L/min（实验组 2）的实验组中，12 h 后氨氮去除率为 6.89%；在曝气强度 4 L/min，连续曝气 12 h（实验组 4）后，氨氮去除率为 7.37%。由此可见，单吸附组和单曝气组在去除氨氮上没有显著差异。

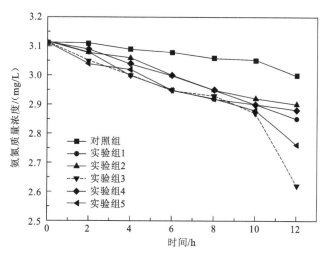

图 7.2.2　不同曝气强度下氨氮质量浓度变化

表 7.2.2　不同曝气强度下氨氮去除率变化

实验组	处理方式	氨氮去除率/%
对照组	无处理	3.00
实验组 1	仅加入吸附剂	8.17
实验组 2	仅连续曝气（曝气强度：3 L/min）	6.89
实验组 3	吸附+连续曝气（曝气强度：3 L/min）	13.78
实验组 4	仅连续曝气（曝气强度：4 L/min）	7.37
实验组 5	吸附+连续曝气（曝气强度：4 L/min）	10.74

吸附剂：活性氧化铝；吸附剂质量浓度：8 g/L；连续曝气持续时间均为 12 h。

在吸附和曝气相结合的情况下，氨氮的质量浓度在 12 h 内没有显著降低。12 h 后，曝气强度为 3 L/min（实验组 3）的氨氮去除率约为 13.78%，曝气强度为 4 L/min（实验组 5）的氨氮去除率约为 10.74%。从实验结果可以看出，在吸附和曝气联合作用下，氨氮的去除效果大于单一吸附组和单一曝气组的氨氮去除效果，但小于单独吸附组与单独曝气组效果之和。同样，曝气强度的提高并没有提高氨氮的去除率。

曝气可通过增加水体中的溶解氧含量来减少沉积物中含氮物质的释放，并减少污染河流水的氮污染负荷（Pan et al., 2016；Liu et al., 2011）。曝气也可以促进硝化过程，降低水中氨氮的浓度，并改变沉积物—水界面处氧化还原环境，从而促进反硝化作用（Liu et al., 2012）。曝气可以促进污水中氨的挥发，特别是在硝化过程的开始阶段，NH_4^+-N 是氨挥发去除氨的重要途径之一（Gross et al., 1999）。诸如活性氧化铝之类的吸附剂不仅可以充当氨氮的吸附剂，而且还可以充当硝化细菌和反硝化细菌的生长介质（Schüth et al., 2012；Zheng et al., 2009）。在吸附剂表面形成的生物膜可以将氨氮转化为氮气。曝气可以增强微生物活性，促进需氧微生物的生长，并通过微生物的代谢作用去除一部分氨氮（Chen et al., 2012；Chiayvareesajja et al., 1993）。然而，当吸附和曝气结合使用时，两者对氨氮的去除并无协同作用，这可能与吸附材料的选取有关，可通过改性提高吸附能力，但改性后的去除效果有待进一步探讨和研究。

7.2.3　不同曝气方式下协同去除磷酸盐的效果

图 7.2.3 和表 7.2.3 显示了不同曝气方式下磷酸盐质量浓度及去除率的变化。

对照组的磷酸盐去除率为 2.94%。吸附组（实验组 1）中的磷酸盐去除率为 41.94%。相比之下，在单一曝气条件下（实验组 2），磷酸盐的去除率为 7.03%。在吸附和曝气的协同作用下，磷酸盐的质量浓度在 12 h 内迅速下降。12 h 后，吸附+连续曝气组（实验组 3）中的磷酸盐去除率为 77.45%。吸附+间歇曝气组 1（实验组 4）和吸附+间歇曝气组 2（实验组 5）中的磷酸盐去除率分别为 65.03% 和 69.61%，略低于吸附+连续曝气组。在以后的实验中，可以优化间歇曝气的强度和间隔时间参数，通过间歇曝气和吸附提高磷酸盐的协同去除效果。

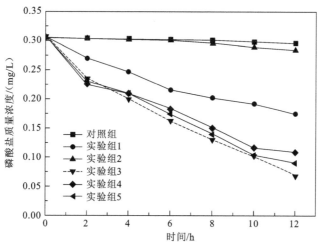

图 7.2.3　不同曝气方式下磷酸盐质量浓度变化

表 7.2.3　不同曝气方式下磷酸盐去除率变化

实验组	处理方式	磷酸盐去除率/ %
对照组	无处理	2.94
实验组 1	仅加入吸附剂	41.94
实验组 2	仅连续曝气	7.03
实验组 3	吸附+连续曝气	77.45
实验组 4	吸附+间歇曝气（曝气方式：0.5 h 曝气，1 h 停止）	65.03
实验组 5	吸附+间歇曝气（曝气方式：0.5 h 曝气，2 h 停止）	69.61

吸附剂：活性氧化铝；吸附剂质量浓度：8 g/L；曝气强度为：2 L/min；不同曝气方式曝气时间均为 12 h。

7.2.4　不同曝气方式下协同去除氨氮的效果

图 7.2.4 和表 7.2.4 显示了不同曝气方式下氨氮质量浓度及去除率的变化。

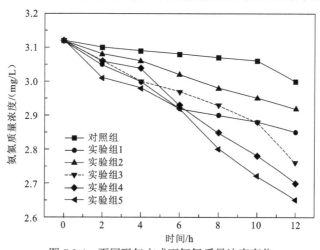

图 7.2.4　不同曝气方式下氨氮质量浓度变化

表 7.2.4 不同曝气方式下氨氮去除率变化

实验组	处理方式	氨氮去除率/ %
对照组	无处理	3.53
实验组 1	仅加入吸附剂	8.65
实验组 2	仅连续曝气	6.25
实验组 3	吸附+连续曝气	11.86
实验组 4	吸附+间歇曝气（曝气方式：0.5 h 曝气，1 h 停止）	12.82
实验组 5	吸附+间歇曝气（曝气方式：0.5 h 曝气，2 h 停止）	14.10

吸附剂：活性氧化铝；吸附剂质量浓度：8 g/L；曝气强度为：2 L/min；不同曝气方式曝气时间均为 12 h。

对照组中氨氮质量浓度的变化较小，氨氮去除率仅为 3.53%。吸附组（实验组 1）中的氨氮去除率为 8.65%。在单一曝气条件下（实验组 2），12 h 的氨氮去除率为 6.25%，这表明吸附组氨氮的去除率高于曝气组。在吸附和曝气协同作用下（实验组 3），氨氮去除率达到 11.86%，吸附+间歇曝气 1 组（实验组 4）氨氮去除率为 12.82%。吸附+间歇曝气 2 组（实验组 5）氨氮去除率达到 14.10%，略高于吸附+连续曝气组和吸附+间歇曝气 1 组。由此表明间歇曝气获得了与连续曝气相似的氨氮去除率。因此，在以后的实验中，可以使用间歇曝气来减少实验的能耗。

7.2.5 最佳条件下微孔曝气-吸附协同处理效果

在曝气和活性氧化铝吸附协同作用下，氨氮和总磷质量浓度随时间变化及相应氮、磷去除率见图 7.2.5 和图 7.2.6。从图 7.2.5 和图 7.2.6 中可看出，在曝气和吸附协同下，总磷的去除率随时间的变化而显著增加，而氨氮的去除率从 1 h 到 2 h 呈现出显著增加的趋势，但 0~1 h 内和 2 h 后无明显变化。实验数据显示：曝气和吸附协同提高了水体总磷去除率，实验进行 3 h 后总磷质量浓度降低了 42%，均优于单独曝气组的总磷去除率（20.0%）和单独吸附组的总磷去除率（30.7%）。曝气增加吸附材料与总磷的接触概率，便于总磷

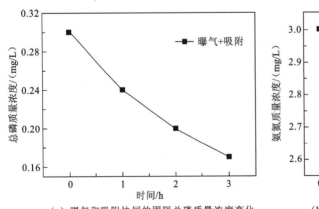 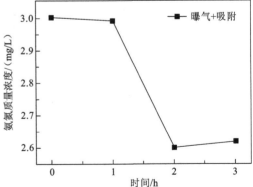

（a）曝气和吸附协同的围隔总磷质量浓度变化　　　　（b）曝气和吸附协同的围隔氨氮质量浓度变化

图 7.2.5　曝气和吸附协同的围隔总磷质量浓度变化和氨氮质量浓度变化

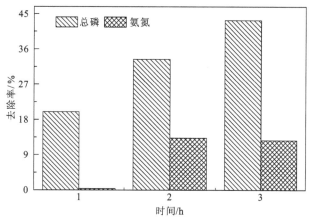

图 7.2.6　曝气和吸附协同的围隔总磷去除率和氨氮去除率随时间的变化

更多地吸附至材料表面。然而，曝气和吸附协同并没有显著提高水体氨氮去除率，实验结束时氨氮去除率仅为 12.7%。

7.3　微孔曝气–微电流电解协同处理效果

7.3.1　碳黑聚四氟乙烯气体扩散电极的表征

采用扫描电子显微镜对所制备的碳黑聚四氟乙烯气体扩散电极的微观形貌进行了表征，结果如图 7.3.1 所示。从放大 200 倍的照片［图 7.3.1（a）］可以看出电极整体结构平整，无明显裂纹。从放大 10 000 倍的照片［图 7.3.1（b）］可以发现电极表面分布着许

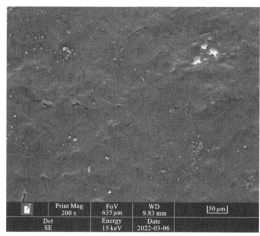

（a）放大200倍

（b）放大10 000倍

图 7.3.1　C/PTFE 气体扩散电极的 SEM 照片

多球形碳黑颗粒，并且碳黑颗粒之间存在许多孔隙，这些孔隙可以为氧气在电极表面发生两电子还原反应提供充足的活性位点。除碳黑颗粒外，电极表面还存在一些丝状物质，参考其他已报道的 C/PTFE 气体扩散电极的 SEM 表征结果（刘宫昊，2021），猜测这些丝状结构可能是聚四氟乙烯（polytetrafluoroethylene，PTFE）黏合剂。相关研究表明，PTFE 将碳黑颗粒黏合在一起的同时可以提高材料的疏水性，可为氧气在电极表面的电还原过程提供更多的活性位点（Tian et al.,2016）。

7.3.2 不同条件下碳黑聚四氟乙烯气体扩散电极抑制铜绿微囊藻的效果

1. 不同电解时间

图 7.3.2 所示为不同电解时间下，C/PTFE 气体扩散电极抑制铜绿微囊藻生长的结果。对照组是未经电解的藻细胞，在光照培养的 $0\sim8$ d 中，藻细胞 OD_{680} 逐渐增大，说明藻细胞生长状态良好。我们对比发现，实验组中经过不同电解时间处理后的藻细胞 OD_{680} 均大幅下降，并且随着电解时间的增加，藻细胞 OD_{680} 会变得更低，说明增加电解时间，可以增强电解对藻细胞的抑制作用。经过通电处理 60 min 后，藻细胞的 OD_{680} 最低（从 0.035 降至 0.007），选择 60 min 作为最佳电解时间。

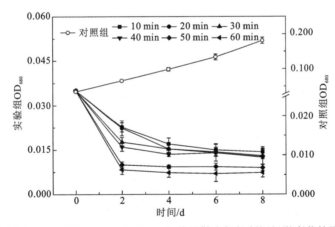

图 7.3.2　不同电解时间对 C/PTFE 气体扩散电极抑制铜绿微囊藻的影响

2. 不同电流密度

图 7.3.3 所示为不同电流密度下，C/PTFE 气体扩散电极抑制铜绿微囊藻生长的结果。对照组中未经电解的藻细胞，在光照培养的过程中藻细胞 OD_{680} 逐渐增大，说明藻细胞生长状态良好。对比实验组，在 10 mA/cm^2 的电流密度作用下，藻细胞 OD_{680} 从 0.033 降至 0.005。然而在更高的电流密度（12 mA/cm^2、15 mA/cm^2 和 18 mA/cm^2）作用下，藻细胞 OD_{680} 值最大程度上也仅从 0.033 降至 0.003，说明在 10 mA/cm^2 的电流密度作用下，藻细胞 OD_{680} 变化已趋于稳定。一方面增加电流密度可以增强电解体系中的电

场强度，电场对藻细胞的电击穿效应更加强烈，因此电解对藻细胞产生的抑制作用更强（Xu et al.，2007）；另一方面，氧气在 C/PTFE 气体扩散电极表面通过两电子还原过程生成 H_2O_2，增加电流密度可以增加电子传递，进而促进氧气的还原过程（Sun et al.，2010）。然而电极本身产生 H_2O_2 能力有限，当其发挥至最佳性能时，即使增加电流密度，也不能明显提升其 H_2O_2 产率，因此采用 $10\ mA/cm^2$ 作为最佳电流密度。

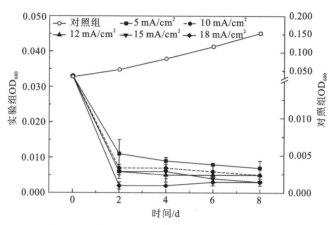

图 7.3.3　不同电流密度对 C/PTFE 气体扩散电极抑制铜绿微囊藻的影响

3. 不同气体流量

图 7.3.4 所示为不同气体流量下，C/PTFE 气体扩散电极抑制铜绿微囊藻生长的结果。对照组中未经电解的藻细胞，在光照培养的过程中藻细胞 OD_{680} 逐渐增大，说明藻细胞生长状态良好。从图 7.3.4 中可以得出，当通入气体的流量为 0.4 L/min 时，藻细胞 OD_{680} 下降最快且最多（从 0.033 降到 0.003），基本呈现出通入气体流量越大，电解对藻细胞生长的抑制作用越强的规律，可能是随着气体流量的增加，通入电解体系中的氧气浓度增大，进而提升氧气在 C/PTFE 气体扩散电极表面的两电子还原反应产生的 H_2O_2 过程（王志韩 等，2015），因此采用 0.4 L/min 作为最佳气体通入量。

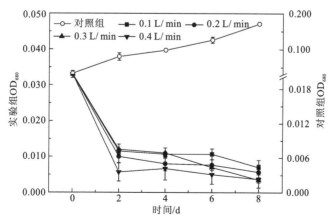

图 7.3.4　不同气体流量对 C/PTFE 气体扩散电极抑制铜绿微囊藻的影响

通过研究不同电解时间、电流密度及通入气体流量对 C/PTFE 气体扩散电极抑制铜绿微囊藻生长的影响，最终得出 C/PTFE 气体扩散电极抑制铜绿微囊藻生长的最佳作用条件为：以铂钛为阳极，C/PTFE 气体扩散电极为阴极，电极间距 4 cm，将 100 mL 5×10^5 个/mL 的藻液在 10 mA/cm² 的电流密度下以通入 0.4 L/min 的气体流量，电解 60 min。

7.3.3　最佳条件下不同气体扩散电极对产生过氧化氢的影响

为了测定本体系中 H_2O_2 实际生成的质量浓度，将 100 mL 的 BG-11 培养液在不加入铜绿微囊藻的情况下于上述最佳条件下进行电解实验，每间隔 10 min 取 2 mL 电解液测定电解生成的 H_2O_2 质量浓度，结果如图 7.3.5 所示。从图 7.3.5 中可知，电解产生的 H_2O_2 随着电解时间的增长而逐渐升高，最终累计生成的 H_2O_2 质量浓度为 79 mg/L，H_2O_2 的产率为 0.58 mg/（cm²·h）。

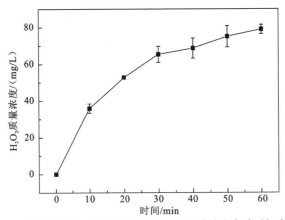

图 7.3.5　最佳条件电解过程中生成的 H_2O_2 质量浓度随时间变化图

表 7.3.1 所示为不同气体扩散电极生成 H_2O_2 的结果，本实验中的 C/PTFE 气体扩散电极与其他单独使用碳材料如活性炭、石墨制备的气体扩散电极相比（Lu et al.,2017），其 H_2O_2 产率要更高，说明添加 PTFE 可以增强电极产 H_2O_2 的性能。然而，当与其他已报道的 C/PTFE 气体扩散电极相比（Chen et al.,2017；Yu et al.,2015），其 H_2O_2 产率相对较低，可能是由于在材料的制备过程中降低了碳黑及 PTFE 的添加量，且没有额外加入其他碳材料（如碳纳米管、碳纤维等）进一步提升材料的性能。总体而言，在该实验中气体扩散电极制备过程更加简便，对制备工艺及设备要求更低，电极材料更廉价易得。同时据报道，当体系中的 H_2O_2 质量浓度在 5～20 mg/L 时，可对藻细胞产生永久性的损伤（邱丽佳 等，2017；Chen et al.,2016；林莉 等，2015a）。该实验采用的 C/PTFE 气体扩散电极通过微电流电解产生的 H_2O_2 质量浓度（79 mg/L）远超过 20 mg/L，因此对藻细胞的生长产生极强的不可逆转的抑制作用，可以直接杀灭藻细胞。

表 7.3.1 不同气体扩散电极生成 H_2O_2 产率对比

阴极	pH	电流密度 /(mA/cm²)	通电时间 /min	气体流量 /(L/min)	H_2O_2 产率 /[mg/(cm²·h)]	文献
活性炭	7	12.5	50	—	0.24	Zhou 等（2019b）
石墨	3	5.0	60	0.00	0.58	Lu 等（2017）
碳黑/碳纳米管/PTFE	7	3.5	180	0.09	0.98	Chen 等（2017）
碳黑/PTFE/碳纤维	7	35.7	180	0.50	12.2	Yu 等（2015）
C/PTFE	7	10.0	60	0.40	0.58	本实验

注："—"表示相关内容在引文中未提及。

7.3.4 最佳条件下碳黑聚四氟乙烯气体扩散电极对铜绿微囊藻光合活性变化的影响

表 7.3.2 所示为在上述 C/PTFE 气体扩散电极抑制藻细胞生长的最佳条件下，藻细胞电解前后的叶绿素荧光参数测试结果，该光系统 II 的参数可以直观地反映藻细胞光合作用机能的变化（Chen et al.，2016）。当蓝藻细胞光合作用受到抑制时，其 F_v/F_m 和 Y(II)均会相应降低，Y(NO)则因为藻细胞光系统 II 无法完全消耗入射光能而升高。从表 7.3.2 可以看出，未经电解处理的藻细胞随着培养时间的增长，其 F_v/F_m 和 Y(II)也在逐渐升高，而 Y(NO)也随着自身光合能力的提高而降低，说明藻细胞生长良好。然而，经过电解处理的藻细胞，其 F_v/F_m 和 Y(II)均从初始值直接降至为 0，在连续培养 6 d 的过程中仍未检测到荧光信号，并且其 Y(NO)逐渐增大到接近 1，表明藻细胞光合作用功能已基本丧失，最终藻细胞衰亡。

表 7.3.2 在最佳条件电解前后藻细胞叶绿素荧光参数测定结果

叶绿素荧光参数	处理方式	培养时间/d						
		0	1	2	3	4	5	6
F_v/F_m	未处理	0.333	0.271	0.290	0.401	0.398	0.391	0.382
	已电解	0.333	0.000	0.000	0.000	0.000	0.000	0.000
Y(II)	未处理	0.218	0.182	0.195	0.384	0.338	0.375	0.358
	已电解	0.218	0.000	0.000	0.000	0.000	0.000	0.000
Y(NO)	未处理	0.890	0.856	0.825	0.603	0.578	0.612	0.629
	已电解	0.890	0.995	0.971	0.981	0.981	0.971	0.961

7.3.5 碳黑聚四氟乙烯气体扩散电极抑制铜绿微囊藻机理

C/PTFE 气体扩散电极微电流电解抑制铜绿微囊藻生长的机理如图 7.3.6 所示。当铂钛作为阳极，C/PTFE 气体扩散电极作为阴极时，接入电源后阳极、阴极及电解质之间形成电场，电场的电击穿效应会导致细胞膜发生电穿孔，使细胞凹陷甚至破裂，影响藻细胞的生长（孙玉营 等，2017；Xu et al.，2007）。然而，电场对藻细胞的作用效果有限，在本实验中对藻细胞的抑制占据主导作用的是气体扩散电极表面生成的 H_2O_2（Lin et al.，2018）。具体过程如图 7.3.6 所示。首先，空气通过曝气装置充入 C/PTFE 气体扩散电极附近，电极表面发生两电子还原反应将 O_2 还原生成 H_2O_2，H_2O_2 在溶液中经过电子转移过程生成生羟基自由基（Zhou et al.，2019b）。在·OH 的作用下，藻细胞的光合电子转移过程受到抑制（Samuilov et al.，2004），其光系统 II 受损，最终完全丧失光合作用能力（丁丽飞 等，2017；Josée et al.，2010），导致藻细胞死亡。通过测定电解前后藻细胞光系统 II 参数（表 7.3.2）可知，经过电解后的藻细胞光合系统已发生永久性损伤，藻细胞完全丧失光合作用，最终死亡。

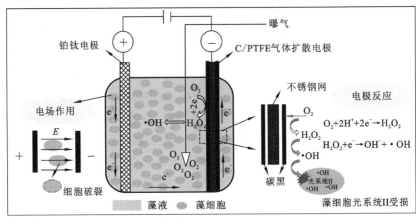

图 7.3.6　微电流电解抑制铜绿微囊藻生长机理图

7.3.6　碳黑聚四氟乙烯气体扩散电极的可循环性

将最佳条件下电解结束后的 C/PTFE 气体扩散电极回收，并在相同条件下进行多次循环电解实验并测定电极产 H_2O_2 的质量浓度，以验证自制的 C/PTFE 气体扩散电极的稳定性，结果如图 7.3.7 所示。从图 7.3.7 中可知，C/PTFE 气体扩散电极的首次电解生成 H_2O_2

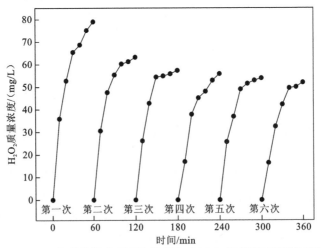

图 7.3.7　C/PTFE 气体扩散电极多次使用生成 H_2O_2 的质量浓度随时间变化图

的质量浓度为 79 mg/L，在第二次重复使用时生成 H_2O_2 质量浓度超过 60 mg/L，在经过 6 次循环使用后，电解生成 H_2O_2 的质量浓度为 52 mg/L，仍旧是首次使用生成 H_2O_2 质量浓度的 66%。实验结果表明，经过多次重复使用，碳黑聚四氟乙烯电解产 H_2O_2 的能力依旧较好，说明自制的电极稳定性良好，可为 C/PTFE 气体扩散电极在自然水环境中的实际运用提供可靠依据。

7.4　不同水处理单元在移动平台上的应用模式

7.4.1　微孔曝气单元在移动平台上的应用模式

1. 移动处理平台上曝气装置的优选

微孔曝气装置及微纳米曝气装置都对水中磷酸盐具有一定的去除作用，采用连续曝气的方式，曝气时间为不间断 8 h，两者对磷酸盐的去除率分别达到了 13% 及 14%。两者对氨氮的去除率分别达到了 19% 及 21%，因此微纳米曝气装置和微孔曝气对水体中氮磷营养盐具有相似的处理效果及相同的溶解氧提高效率。而微纳米装置是一种异位处理装置，处理水量较小，因此微纳米曝气装置不太适合处理大面积天然水体。微孔曝气装置可结合在湖库富营养化水体移动式平台上，对天然水体进行原位处理，因此微孔曝气装置是一种适合安装在移动处理平台上的曝气装置。

2. 微孔曝气装置与移动处理平台的安装数量及曝气范围

微孔曝气的范围是指微孔曝气设备提高水体溶解氧所能达到的范围。从第 3 章的研究可知，经过微孔曝气装置曝气后，水体中的溶解氧与空白对照组相比明显提高，并且随着与微孔曝气管距离的不断增大而逐渐减小，在微孔曝气管左右 1 m 范围内溶解氧逐渐减小至水体原始溶解氧浓度。因此单根微孔曝气管的溶解氧有效作用范围为沿微孔曝气管左右 1 m。微孔曝气管的作用范围的确定至关重要。因此，在移动处理平台上可每隔 1 m 安装 1 个微孔曝气管，整个平台的微孔曝气范围为移动处理平台面积=平台边安装数×1（m²）。

3. 微孔曝气装置与其他水质处理单元的布置衔接

移动平台上包括三个水质净化处理单元：微电流电解、曝气和吸附。各个单元之间的布置衔接也是移动平台净化水质的关键因素之一。基于第 3 章至第 5 章对于不同处理单元协同效果研究发现，吸附单元与曝气单元同时作用，可以增加磷酸盐的去除率，大大高于单独使用吸附或曝气措施，但对水体中氨氮的去除无影响。微孔曝气和微电流电解单元协同作用可有效抑制铜绿微囊藻生长。因此，从微孔曝气单元最佳处理效果的角度来看，在移动平台的实际应用过程中曝气单元可与吸附单元及微电流电解单元协同作用。①曝气单元和吸附单元可以协同作用，增加水体中磷酸盐的去除率；②微孔曝气单元也可以和微电流电解单元协同作用，有效抑制铜绿微囊藻生长。

曝气时间对微孔曝气装置去除磷酸盐及氨氮的效果具有重要影响，4 h 的曝气时间可使水体中磷酸盐及氨氮达标。移动式净化装置在待处理水域的处理时间建议为 4 h。曝气强度 0.5 kg/cm² 对微孔曝气装置除磷效果最好；曝气强度对氨氮的去除率影响较大，氨氮的去除率随着曝气强度的增大而增加，1.0 kg/cm² 曝气强度下微孔曝气装置获得了较高的氨氮去除率（40%）。因此，最优曝气强度为 0.5 kg/cm²。随着 pH 的增大，曝气装置对磷酸盐及氨氮的去除率都有增加的趋势，因此提高水体 pH 有助于微孔曝气装置对水体中氮磷及氨氮的去除。水体经曝气后某些微生物大量繁殖，从而改变了水体原有的微生物群落结构，使得利用氨基酸、糖类、酯类为主要碳源的微生物大量出现，因此，在曝气过程中添加氨基酸、糖类及酯类碳源有利于提高曝气技术对水体微生物生长的促进作用，并且微孔曝气技术比较适合以氨基酸、糖类及酯类为主要碳源的水体。

4. 微孔曝气的溶解氧饱和时间及稳定时间的确定

微孔曝气装置的溶解氧饱和时间为 10 min，溶解氧稳定时间约为 10 min，建议在移动式净化装置处理磷污染水体时，可设定间歇曝气时间为 10 min，即开机 10 min，停 10 min 后，曝气机再开始工作，如此往复。

7.4.2 吸附单元在移动平台上的应用模式

吸附单元是湖库富营养化水体水质净化平台的重要组成部分。通过第 4 章的研究，笔者发现从市售材料中优选出的活性氧化铝、自主研发的选铜尾砂除磷剂和改性生物炭均对水体中低浓度的磷酸盐有很好的去除效果。考虑到材料的开发程度和实际应用推广情况，选择活性氧化铝作为湖库富营养化水体移动式水质净化系统中吸附单元的材料。本节充分考虑吸附单元主要工艺参数及移动平台对吸附单元的功能需求，探讨吸附单元在移动平台的应用模式。

1. 吸附单元形状

单一活性氧化铝颗粒粒径较大，能够与水体充分接触；但填充活性氧化铝颗粒的吸附单元内部，颗粒间相互接触，提高活性氧化铝颗粒与水体接触面积对保证吸附单元处理性能十分关键。此外，吸附单元还应便于拆卸和安装，以及充分减少移动过程中的水体阻力等。综上考虑，建议吸附单元采用柱状外观结构，沿水深方向垂向布设。为避免活性氧化铝颗粒流失，建议底部和外壁采用均匀开孔的柱状吸附单元外壳，其材料可选用质轻、强度高、耐腐蚀的聚乙烯塑料。

2. 吸附单元外壳

活性氧化铝呈颗粒状，粒径适中，粒径在 3～5 mm，为防止其在水体中流失，应将活性氧化铝填充到上述柱状结构内，然后在移动平台上安装。为充分提高活性氧化铝颗粒与水体接触效果，应充分考虑吸附单元的外壳孔隙。孔隙过小时，水体中杂物和悬浮颗粒容易附着和堵塞，导致吸附单元外部水体难以穿透孔隙，与活性氧化铝接触，影响吸附效率；孔隙过大时，吸附单元移动过程中易造成活性氧化铝颗粒流失。综上，基于活性氧化铝颗粒粒径特征，建议吸附单元外壳采用聚乙烯材质，孔隙大小为 2～3 mm。

3. 吸附单元尺寸及间距

移动平台上吸附单元的活性氧化铝用量是决定吸附效率的重要因素。吸附单元中活性氧化铝用量应根据待处理水体体积、污染物质量浓度及处理要求确定。对活性氧化铝来说，当待处理水体磷酸盐质量浓度为 0.425～0.532 mg/L 时，处理单位水体的吸附材料用量为 8 kg。为便于安装和卸载，建议单个吸附单元活性氧化铝用量为 8～16 kg。活性氧化铝颗粒密度约为 3.9 t/m³，当吸附柱长度为 0.5 m 左右时，吸附单元直径为 10～20 cm。

吸附单元可通过平台的移动，与待处理水体接触，从而吸附去除水体中污染物。吸附单元布置过密，影响水体过流效果和吸附材料的处理效率；间距过大，将导致吸附材料吸附效率下降。对直径为 10～20 cm 的吸附单元而言，建议 10～20 cm 的间距，但具体数值应根据平台的大小及总体布设优化确定。

4. 吸附单元移动

吸附单元的移动速率影响污染物去除效果。移动太快，污染物与吸附材料接触时间较短，难以充分接触，且较高的速度容易造成已吸附污染物的解吸；移动太慢，影响吸附单元及整个平台的水体净化效率。对活性氧化铝而言，0.09 m/s 是吸附单元去除磷酸盐比较理想的移动速度。考虑到湖库水体中磷为水体富营养化的限制性因素，对除磷而言，吸附单元移动速度建议取 0.09 m/s 左右。

5. 吸附材料再生

活性氧化铝吸附磷酸盐是一个渐近饱和过程，当吸附达到饱和后，已吸附的污染物容易解吸进入水体，影响移动平台水质净化效果，对吸附饱和材料的再生和循环利用及吸附单元均极为重要。当初始磷酸盐质量浓度为 0.5～0.6 mg/L 时，0.1 mol/L NaOH+3 mol/L NaCl 的磷饱和活性氧化铝脱附性能最好，最佳脱附时间为 4 h；脱附再生后的活性氧化铝可重复利用 3 次以上。在吸附单元实际应用中，应根据水质处理结果综合判断吸附材料的再生时机。

6. 吸附单元运行模式

除吸附单元，移动平台还包括微电流电解和微孔曝气两个单元。实验结果表明，吸附单元可与微孔曝气单元协同除磷，两者协同作用效果好且高于单一吸附单元或单一曝气单元。但吸附单元与微电流电解单元共同作用时，不能提高水体氨氮和磷酸盐去除率。微电流电解单元需要一定电解质和维持一定的水体离子浓度，但 0.5 mol/L NaCl 导致活性氧化铝的磷吸附率下降约 50%。因此吸附单元不适合与微电流电解共同工作。

综上，吸附单元在移动平台应用时，可单独运行或与曝气单元共同运行，但不宜与微电流电解单元同时运行或近距离布置。

7.4.3 微电流电解单元在移动平台上的应用模式

微电流电解单元是湖库富营养化水体移动式水质净化平台上重要的单元，通过微电流电解产生活性物质和电场本身的破坏作用使湖库水体中藻类生长得到抑制从而死亡，起到预防水华发生的作用；第 5 章的研究发现钌钛阳极和不锈钢阴极组成的微电流电解体系，对湖库水体中蓝藻有很好的杀灭效果，因此选用钌钛阳极和不锈钢阴极作为封闭水体中污染物去除的理想材料。但电极材料如何与移动平台连接，电极间距及电极排列方式等条件是微电流电解技术应用的关键，微电流电解单元与吸附、曝气单元的耦合作用是移动式平台设计的关键，在第 5 章的研究基础上，探讨微电流电解单元与移动式水质净化平台接口。

1. 电极材料的要求

移动式水质净化平台上搭载的微电流电解单元，要求电极材料具有稳定性、经济性和易得易加工性，对电极材料形状、尺寸有一定要求。

（1）电极材料和形状的要求。笔者通过实验研究，优选出的最佳阳极和阴极材料分别为钌钛和不锈钢。电极形状直接决定电极与污染物的接触面积，板状或网状电极材料比表面积较大，使得电极与污染物接触充分。从能耗和电极的经济成本考虑，选择钌钛和不锈钢作为阳极和阴极，电极形状采用板状或网状。

（2）电极材料尺寸的选择。电极材料的尺寸要合适，过小使得工作面积太小，难以接触到大面积水体，使活性物质交换率较小，去除效果不佳；电极尺寸也不能过大，工作面积过大使得需要消耗的电能过高，在自然水体中，尤其是电导率偏低的水体，电极尺寸过大使得体系导电性能不达标。根据前期研究结果，综合电极加工的难易程度，选择 50.0 cm×15.0 cm×0.1 cm 电极材料。

2. 电极间距及电极布设方式

（1）电极间距。电极可以通过移动平台与污染物发生更充分地接触，从而使电解产生的活性物质去除污染物。但电极间距大小，除了影响电能消耗，也能影响电解灭藻效果，因此选择电极间距为 2 cm。

（2）电极布设方式。电极板组数直接决定灭藻效果，增加电极板组数可以提高灭藻效率，从能耗和经济成本考虑，移动平台适合布设 4 组电极板。电极板之间的间距需要考虑电极的作用范围。通过微电极系统测试氢气、氧气扩散范围可知，氢气、氧气扩散范围在 20～40 cm，间距过大会使污染物交换不充分而达不到去除效果，因而建议电极板之间距离为 80 cm，分布在移动平台四个角的位置。

3. 平台的移动速率、电解时间和电流密度

（1）平台移动速率。平台的移动速率是决定污染物去除效果的重要因素。对于电解单元来说，平台移动太快容易使目标污染物与电极接触时间太短，两者难以充分接触，从而电解产生的活性物质不能充分发挥作用；平台移动太慢，容易造成浪费，而且影响平台其他单元对水体的净化效率。在电极作用范围实验研究中，发现电解产生的氢气、氧气扩散速率为 30 cm/min，过高或过低的移动速度均不利于电解单元发挥作用。因此，对于电解单元来说，平台移动的最佳速度为 0.005 m/s。

（2）电解时间设定。电解时间是电解单元的一个重要参数。在电流密度一定的情况下，电解时间过长，造成藻类死亡，从而浪费能源；电解时间过短，很容易造成藻类生长受阻而未完全灭亡，再次大量生长的危险。通过第 5 章的放大实验，确定电解灭藻最佳时间为 2 h。

（3）电流密度的设定。电流密度直接关系到藻类灭亡，电流密度过高，需要消耗较大的电量，甚至可能会对水生生物造成一定的影响；电流密度过小，容易造成藻类未完全死亡。结合实验数据，从经济学角度考虑，建议最佳电流密度为 12 mA/cm^2。

4. 微电流电解单元运行模式

移动平台上包括三个水质净化处理单元：微电流电解、曝气和吸附。各个单元之间的布置衔接也是移动平台净化水质的关键因素之一。电解和曝气可协同除磷。因此，在移动平台的实际应用过程中电解和曝气单元可以协同作用，增加水体中污染物的去除率。

7.4.4　碳纤维生物膜净化单元在移动平台上的应用模式

碳纤维生物膜净化单元是湖库富营养水体水质净化平台的重要组成单元，在碳纤维上生物膜进行脱氮除磷，降解水体中氮磷等营养盐，从而控制水体富营养化和预防水华发生。碳纤维是碳纤维生物膜净化单元的核心，通过第 6 章的研究，发现人工强化挂膜碳纤维对水体中总氮和氨氮具有显著净化效果。考虑到材料的产品开发程度和实际应用推广情况，选择市场上已成功推广应用的聚丙烯腈基活性碳纤维作为湖库富营养化水体移动式水质净化系统中生物膜净化单元的材料。本节充分考虑移动平台对碳纤维生物膜净化单元的功能需求，探讨碳纤维生物膜净化单元在移动平台上的应用模式。

1. 碳纤维生物膜净化单元材料和构型选取

安装于移动平台的碳纤维生物膜净化单元材料和构型选取需考虑吸附速度快、吸附性能强、强度大和抗冲击能力强等特点，常用碳纤维材料主要为聚丙烯腈基活性碳纤维、酚醛基活性碳纤维、黏胶基活性碳纤维和沥青基活性碳纤维等，其中，聚丙烯腈基活性碳纤维不仅吸附速度较快，吸附性能较强，吸附量较大，而且还具有耐腐蚀，强度大等特点。常用碳纤维构型为刷子型、水草型、蜈蚣型、条带型等，为充分减少移动过程中

的水体阻力，建议采用刷子型碳纤维。为便于拆卸和安装，采用不锈钢支架将碳纤维固定于移动平台底部。综上考虑，建议碳纤维生物膜净化单元采用刷子型聚丙烯腈基活性碳纤维，并采用框架形的外观结构，沿水深方向垂向布设于移动平台底部。

2. 碳纤维人工强化挂膜条件

第 6 章的实验结果表明，人工强化挂膜碳纤维可显著提高碳纤维的水质净化效果，人工强化挂膜过程中，水体溶解氧、pH 和温度等环境条件直接影响微生物的生长代谢，从而影响碳纤维上微生物的挂膜效果，碳纤维挂膜的最佳条件：水体 pH 为 7~8，温度为 35 ℃，每天曝气时间 6 h，挂膜时间为 7 d 左右。因此，在开展碳纤维生物膜水质净化前，首先将碳纤维进行人工强化挂膜，以提高治理初期的水质净化效果。

3. 碳纤维用量及布设间距

移动平台上碳纤维生物膜净化单元中碳纤维用量是决定净化效率的重要因素。碳纤维用量应根据待处理水体体积、污染物浓度及处理要求确定。依据污染物削减量和净化效率确定碳纤维用量。碳纤维生物膜水质净化单元可通过平台的移动，与待处理水体接触，从而吸附去除水体中污染物。碳纤维生物膜水质净化单元布置过密，影响水体过流效果和碳纤维生物膜的处理效率；布置间距过大，将导致处理效率下降，因此，建议布设 10~20 cm 的间距，但具体数值应根据平台的大小及总体布设优化确定。

4. 碳纤维生物膜净化单元移动

碳纤维生物膜净化单元的移动速率影响污染物去除效果。移动太快，污染物与碳纤维生物膜接触时间较短，难以充分接触，且较高的速度容易造成碳纤维上生物膜的脱落和污染物的再次释放；移动太慢，影响碳纤维生物膜净化单元及整个平台的水体净化效率。经文献分析和市场调研，对碳纤维生物膜而言，0.1 m/s 是碳纤维生物膜净化单元去除氮磷营养盐比较理想的移动速度。考虑到湖库水体中氮和磷为水体富营养化的主要限制性因子，因此，建议碳纤维生物膜净化单元的移动速度在 0.1 m/s 左右。

5. 碳纤维生物膜净化单元定期回收和更换

随着碳纤维上生物膜厚度逐渐增加，碳纤维上微生物量和活性逐渐达到峰值，随后，大量微生物开始进入衰亡期，微生物量和活性开始下降，水质净化效率随之降低，同时，吸附于碳纤维表面的生物膜易发生脱落，从而影响移动平台的水质净化效果，对碳纤维生物膜材料进行定期回收和更换非常重要。当初始水体水质为 V 类时，碳纤维的更换周期为 12~15 个月，在碳纤维生物膜净化单元实际应用中，应根据碳纤维上微生物量和活性变化，以及水质净化效果综合判断碳纤维材料的回收和更换时机。

7.5　本 章 小 结

（1）当选用活性氧化铝作为吸附剂时，在吸附和曝气的协同作用下，对磷酸盐的去除率明显提高，其效果远远大于单一吸附组和单一曝气组，且大于单一吸附组与单一曝气组效果之和；吸附和曝气的协同作用对于氨氮的去除效果大于单一吸附组和单一曝气组的去除效果，但小于单一吸附组与单一曝气组效果之和。此外，不同曝气强度、曝气方式对提高磷酸盐的去除率并没有显著效果，可采用低强度和间歇曝气的方式来减少能耗。

（2）铂钛和碳黑聚四氟乙烯气体扩散电极可以通过微电流电解原位产生 H_2O_2，当实验条件为电流密度 10 mA/cm^2，电极间距 4 cm，氧气的流量 0.4 L/min，电解时间 60 min 时，可将 100 mL 5×10^5 个/mL 藻液中的藻细胞完全抑制。

（3）微孔曝气单元可与移动处理平台上的其他水质净化单元协同作用，增强对水体磷酸盐、藻类的协同去除作用。

第 8 章

移动式水质净化系统开发

　　根据前期研究获得的移动式水质净化系统关键技术参数，笔者分别开发了移动式水质净化系统（Ⅰ）、移动式水质净化系统（Ⅱ），介绍其结构设计、功能布局，并开展关键技术的水质净化功能验证。

8.1 移动式水质净化系统（I）开发

基于开发的移动式水质净化系统（I）[以下简称"系统（I）"]，笔者开展了吸附单元、微孔曝气单元及微电流电解单元水质净化功能验证，掌握各处理单元适宜工作参数。

8.1.1 结构设计

系统（I）总体结构见图 8.1.1，其具体组成部件包括：①太阳能电池板；②栏杆；③净化系统（I）；④推进器；⑤闪灯；⑥左右舷灯；⑦座椅；⑧工控机柜；⑨曝气管；⑩电极板；⑪吸附筒；⑫测量仪器 YSI EXO2 安装座；⑬测量仪器 YSI EX02 安装架；⑭空压机；⑮蓄电池；⑯浮筒。

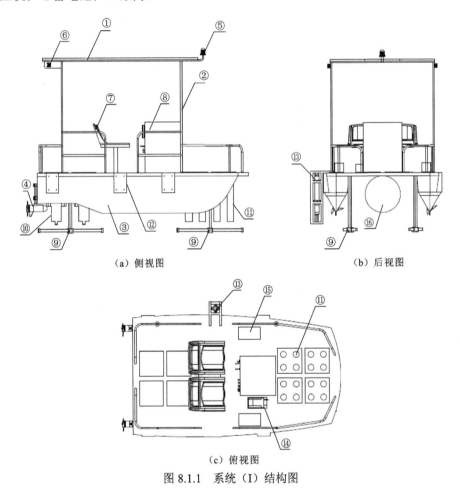

（a）侧视图　　　　　　　　　（b）后视图

（c）俯视图

图 8.1.1　系统（I）结构图

系统（I）示意图和实物图见图 8.1.2。系统（I）组成包括可移动漂浮平台，可移动漂浮平台上设有水处理单元,水处理单元包括吸附单元、微孔曝气单元、微电流电解单元,可移动漂浮平台上还设置有水质在线检测和信息反馈单元,水质在线检测的信号输出端与微电流电解单元、微孔曝气单元连接,信息反馈单元用于根据水质在线检测单元确定的水中污染物种类和浓度确定需要启动的水质处理装置,将需要启动的水处理单元在指令显示单元上进行显示,同时控制与水质在线检测连接的微电流电解单元、微孔曝气单元的启动。系统(I)的可移动漂浮平台上安装有多个拼接板,各拼接板相互拼接,每一拼接板上设有多个插槽。曝气探头、吸附柱探头、微电流电解电极探头均通过插槽深入水中。系统(I)的动力来源采用"蓄电池+太阳能"模式。

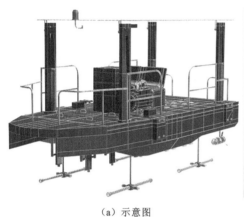 

（a）示意图　　　　　　　　　　　　　（b）实物图

图 8.1.2　系统（I）示意图和实物图

8.1.2　功能布局

本设备为双体结构,主体采用铝合金材料,带简易遮雨棚设计;四周设有防撞护舷,并且在系统(I)头部和系统(I)尾部都设有防护网,用来保护系统(I)上的设备仪器。甲板上设有座椅,系统可承载 2 人在航行时对设备进行调试。

1. 水处理单元

1）吸附单元

系统(I)底部设置有过滤吸附柱用于水质过滤;吸附单元包括多个吸附柱探头。多个吸附柱探头插入拼接板上的部分插槽中,根据水体中污染物类型有针对性地填充吸附材料至吸附柱探头中,吸附柱探头伸入水中,以吸附去除水中的部分难降解有机物、重金属和氮磷污染物。

2）微孔曝气单元

系统(I)中部设有一台空压机,为微孔曝气单元提供气源;微孔曝气单元包括微孔曝气模块及与所述微孔曝气模块连接的曝气探头。曝气探头插入拼接板上的部分插槽中,曝气探头伸入水中,微孔曝气模块通过曝气探头向污染水域中曝气,通过曝气作用促进好氧微生物降解。

3）微电流电解单元

系统（I）底部设有安装座用于安装电极块，电极块用于电解产生活性离子；电极探头插入拼接板上的插槽中，在使用时电极探头伸入水中。电解时电极探头释放出活性离子对水体中的污染物进行氧化处理，同时抑制藻类生长，减少水华的发生。

2. 导航系统

系统（I）导航单元为遥控控制系统和工控机柜。

1）遥控控制系统

遥控控制系统包括：控制器、地面遥控器，操作人员通过地面遥控基站对系统（I）的航向、转向、速度、倒退进行控制；本控制系统可实现对系统（I）的无级调速，调速范围从零到最大航速。本控制系统的地面遥控装置，分为左右两个油门摇杆，左油门摇杆控制左推进器的前进和倒退；右油门摇杆控制右推进器的前进和倒退。摇杆的中位为零位，此时推进器处于停止状态。当左油门摇杆向前推进的幅度大于右油门摇杆向前推进的幅度时，系统（I）向左转向。同理，当右油门摇杆向前推进的幅度大于左油门摇杆向前推进的幅度时，系统（I）向右转向。当左油门与右油门摇杆向前或向后推进的幅度一致时，系统（I）向前或向后直线运行。

2）工控机柜

设备中部布置有工控机柜。该机柜内装有中央数据处理中心和工控电脑，根据当前水质检测数据，采用特定算法进行自动判断，并通过功率控制模块改变相应水处理单元的工况，优化水质净化效果。

3. 水质在线检测和信息反馈单元

系统（I）侧边安装水质在线检测单元，其特征在于：所述水质在线检测单元的信号输入端与水质信息反馈装置的信号输出端连接，水质在线检测单元的信号输出端与所述水处理单元的控制端连接。水质信息反馈装置包括依次连接的采集装置、水质检测仪及数据采集卡。采集装置用于获取稳定的被测湖库水体的水样；水质检测仪用于对采集装置采集的水样进行水质分析，计算水中相应物质的含量；数据采集卡用于对水质检测仪检测的物质的含量进行分析，确定水中污染物种类和浓度。

4. 动力单元

（1）太阳能电池。太阳能电池板位于系统（I）顶部，下方装有太阳能转换控制器，将光能转化为电能为蓄电池充电，保证系统（I）的长时间供电。

（2）蓄电池。直接将岸电充电插头接上岸电 AC220V 的电源上，充电器将自动对蓄电池进行充电。

8.1.3 水质净化功能验证

系统（I）基于水质在线检测单元的测定结果，判断水质污染特征，搭配组合吸附单元和微电流电解单元，设定曝气单元；通过系统在水域中的移动（根据需要可反复进行），各处理单元协同作用，对水体中的氮磷、藻类等污染物进行处理；当处理水体的水质检测结果满足要求后，系统进入新的目标水域工作。整个水处理过程中，通过指令控制单元控制微孔曝气单元和微电流电解单元的启闭和工况参数，并通过动力推进单元调控移动式水质净化系统的移动方向和速度。

采用取自湖泊的天然水体开展实验研究，水体 pH 为 8.0 左右，通过添加氮磷营养盐将水中氨氮和总磷质量浓度分别控制在 3.0 mg/L 和 0.5 mg/L（劣 V 类水体）左右。采用移动吸附、微孔曝气和微电流电解三个单元进行水质净化，相关水质指标满足 V 类水标准（氨氮质量浓度低于 2.0 mg/L，总磷质量浓度低于 0.2 mg/L）时视为处理达标。

1. 移动吸附

通过室内吸附和围隔吸附实验，优选出活性氧化铝作为最佳吸附材料，模拟移动条件，研究活性氧化铝的最佳质量浓度、最长使用寿命。

（1）最佳质量浓度。1 g/L、2 g/L、4 g/L、8 g/L 和 16 g/L 活性氧化铝质量浓度条件下，平均磷酸盐去除率为 64%、58%、76%、82% 和 84%。当活性氧化铝质量浓度达到 8 g/L 后，继续增加活性氧化铝未能有效提高磷酸盐去除率。综合考虑磷酸盐去除效果和单位质量活性氧化铝的磷酸盐吸附量，可选取 8 g/L 活性氧化铝作为移动式水质净化系统的吸附单元的最佳质量浓度（图 8.1.3）。

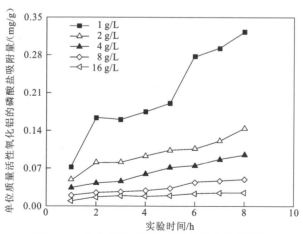

图 8.1.3 单位质量活性氧化铝的磷酸盐吸附量

（2）最长使用寿命。模拟移动条件下，活性氧化铝低质量浓度（0.425 mg/L 和 0.532 mg/L）下磷酸盐的吸附性能，具体结果见图 8.1.4。从图 8.1.4 可见，随着吸附时间增加，磷酸盐吸附去除率逐渐下降，当循环吸附第 8 次（64 h）时，初始磷酸盐质量浓度分别为

0.425 mg/L 和 0.532 mg/L 条件下的活性氧化铝的磷酸盐吸附去除率仅为 18.00%和 26.61%，活性氧化铝吸附接近饱和。因此，当活性氧化铝达到使用寿命后需及时更换，以防磷酸盐的解吸对水体造成二次污染。

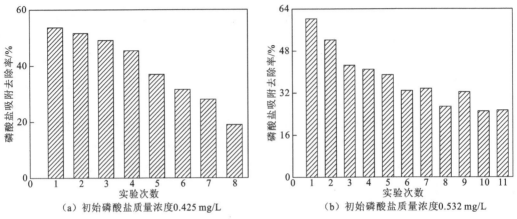

（a）初始磷酸盐质量浓度0.425 mg/L　　　　（b）初始磷酸盐质量浓度0.532 mg/L

图 8.1.4　移动条件下活性氧化铝的磷酸盐吸附性能

2. 微孔曝气

笔者通过小试实验优选出微孔曝气作为曝气方式，重点研究移动条件下的微孔曝气时间、强度及溶解氧作用时间等对氨氮去除率的影响。

（1）最佳曝气时间。天然水体初始 pH 为 8.01，曝气强度为 0.5 kg/cm² 实验条件下，实验结果表明微孔曝气对于氨氮具有一定去除效果，连续曝气 8 h 可去除约 15%的氨氮（图 8.1.5），最佳曝气时间为 4 h。

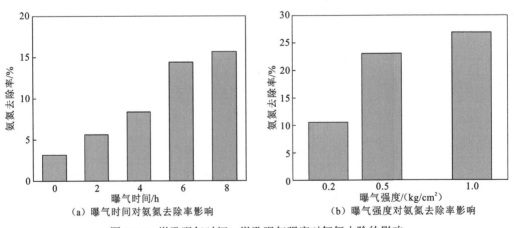

（a）曝气时间对氨氮去除率影响　　　　　（b）曝气强度对氨氮去除率影响

图 8.1.5　微孔曝气时间、微孔曝气强度对氨氮去除的影响

（2）最佳曝气强度。曝气强度对氨氮的去除率随着曝气强度增加而增加，1.0 kg/cm² 的曝气强度下微孔曝气装置对氨氮的去除率高于 0.5 kg/cm²（23%）及 0.2 kg/cm²（11%）曝气强度下氨氮去除率（图 8.1.5）。为减少能耗及防止底质的搅动，微孔曝气装置的曝气强度选择 0.5 kg/cm²。

（3）微孔曝气溶解氧有效作用时间。从图 8.1.6 可看出，在曝气强度为 0.5 kg/cm² 时，微孔曝气设备的溶解氧饱和时间约为 12 min，溶解氧稳定时间约为 10 min，设定移动式净化装置处理氨氮污染水体时微孔曝气装置的启闭时间间隔为 10 min。

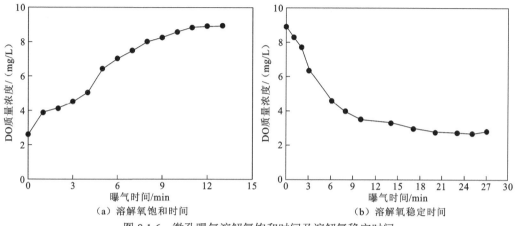

（a）溶解氧饱和时间　　　　　　　　　　（b）溶解氧稳定时间

图 8.1.6　微孔曝气溶解氧饱和时间及溶解氧稳定时间

（4）提高微孔曝气去除氨氮的方法。微孔曝气单独作用对水体中的氨氮有一定的处理效果，但处理过程较为缓慢。通过微孔曝气单元与移动式水质净化系统上的其他关键技术进行耦合，发挥多个单元的协同作用，可大大提高脱氮除磷的效果，同时可缩短处理时间。

3. 微电流电解

藻类控制是水体富营养化治理的最有效途径。微电流电解采用微小电流将水中的藻类电解失活，对处于复苏和生长繁殖初期的藻类进行生长抑制，预防水华的发生。为使微电流电解抑藻技术有效应用于移动式水质净化系统，在电极比选的基础上研究了电极尺寸和间距、电流密度、电解时间、电极有效作用范围等微电流电解抑藻关键技术参数。

（1）电极参数。比选钌钛、铂钛、不锈钢和铱钛 4 种阳极材料，发现钌钛阳极抑藻效果最佳，阴极材料影响较小（图 8.1.7）。选取钌钛阳极和不锈钢阴极作为移动式水质

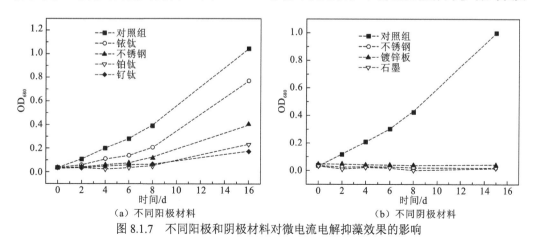

（a）不同阳极材料　　　　　　　　　　（b）不同阴极材料

图 8.1.7　不同阳极和阴极材料对微电流电解抑藻效果的影响

净化系统的微电流电解电极材料，电极形状采用板状或网状。基于已有研究经验，建议选择电极板高度、宽度和间距分别为 50 cm、20 cm 和 2 cm。

（2）电化学参数。笔者研究发现，抑藻效果随电流密度的增加而提高，当电流密度大于等于 9 mA/cm² 时，藻细胞完全失活（图 8.1.8）。因此，适合移动式水质净化系统的微电流电解抑藻的电流密度为 9～12 mA/cm²。电解时间较短时，藻液未能完全失活；适当延长电解时间可使抑藻效果得到提高。综合考虑抑藻效果和能耗，建议移动式水质净化系统的微电流电解抑藻的电解时间为 2 h。

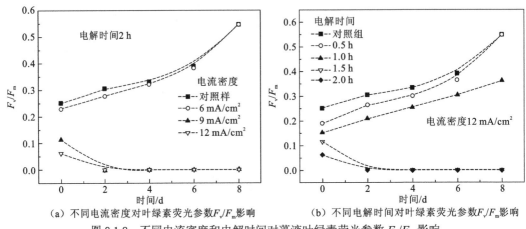

（a）不同电流密度对叶绿素荧光参数 F_v/F_m 影响　　（b）不同电解时间对叶绿素荧光参数 F_v/F_m 影响

图 8.1.8　不同电流密度和电解时间对藻液叶绿素荧光参数 F_v/F_m 影响

（3）电极有效作用范围。由图 8.1.9 可知，在电流密度为 12 mA/cm² 条件下，微电流电解产生的 H_2 和 O_2 可扩散至距电极板 40～50 cm 处。考虑到 H_2、O_2 和活性离子扩散范围同步，气体扩散速率约为 30 cm/min，经计算，建议移动式水质净化系统的电极组间隔为 80 cm，移动速度为 0.005 m/s。

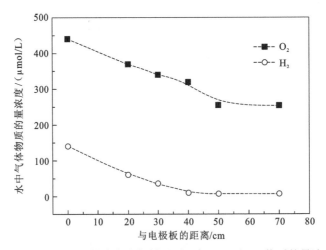

图 8.1.9　电解后水体中离电极板不同距离处 H_2 和 O_2 物质的量浓度

8.2 移动式水质净化系统（Ⅱ）开发

本节根据前期研究获得的移动式水质净化系统关键技术参数，设计开发了移动式水质净化系统（Ⅱ）[以下简称"系统（Ⅱ）"]，本系统主要采用微生物技术净化水体，以碳纤维作为微生物载体，与微纳米曝气技术优化集成到可移动平台上，同时，引入自主导航系统，实现全天候对水域实施净化处理，对水体水质进行长效改善和维持。

8.2.1 结构设计

系统（Ⅱ）的结构组成包括可移动平台、碳纤维净化单元、微纳米曝气单元、水质在线检测单元、自主导航系统和动力推进单元。碳纤维净化单元和微纳米曝气单元固定于可移动平台底部，水质在线检测单元固定于可移动平台前端，其水质监测探头浸没于水面以下。自主导航系统和动力推进单元控制可移动平台在治理水域中按照预先设定的路线自主导航。

系统（Ⅱ）的结构示意图见图 8.2.1。

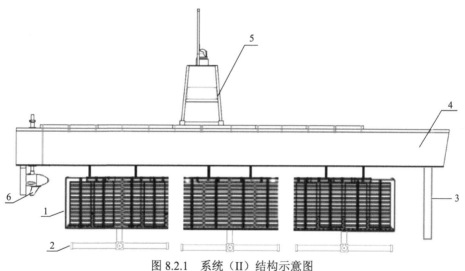

图 8.2.1 系统（Ⅱ）结构示意图

1—碳纤维净化单元；2—微纳米曝气单元；3—水质在线检测单元；
4—可移动平台；5—自主导航系统；6—动力推进单元

系统（Ⅱ）采用双体船结构（图 8.2.2），可根据水体污染程度和治理需求，进行组合和拼接。系统（Ⅱ）上搭载的碳纤维净化单元是采用碳纤维作为微生物载体，均匀布设在系统（Ⅱ）底部。微纳米曝气单元位于碳纤维净化单元正下方。水质在线检测单元采用 YSI EXO2 多参数水质分析仪，对治理水域的水质进行实时在线监测，获得水温、电导率、盐度、pH、ORP、溶氧、浊度和叶绿素 a 8 项水质指标。在线监测获得的数据每隔一段时间自动采集一次。自主导航系统采用"海德拉无人船地面站"系统进行全天候自主导航。系统（II）的动力来源于锂电池。

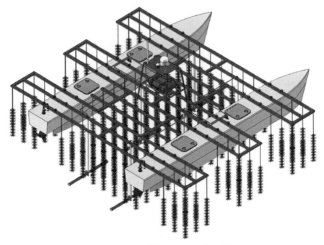

图 8.2.2　系统（II）示意图

8.2.2　功能布局

系统（II）对富营养水体的全天候净化处理功能，主要通过碳纤维净化单元、微纳米曝气单元和自主导航系统的运行来实现。

1. 碳纤维净化单元

碳纤维净化单元是系统（II）的核心水处理单元，主要利用碳纤维和附着于其表面的生物膜净化水质，利用微生物的新陈代谢活动，将氮磷、有机物等营养物质吸收、分解和利用。其中，碳纤维利用不锈钢支架固定于可移动平台上，不同束碳纤维按等间隔布设。碳纤维在投放入水体之前，首先在微生物菌剂培养液中进行人工强化挂膜，微生物菌剂培养液中包括硝化细菌、反硝化细菌、聚磷菌、光合细菌、芽孢杆菌、类球红细菌和植物乳杆菌等微生物，根据待治理水体的污染特征，选取特定的预挂膜微生物菌剂培养液，以提高碳纤维净化单元中生物膜的活性，同时，提升其抗冲击能力和水质净化效果。

2. 微纳米曝气单元

微纳米曝气单元位于碳纤维净化单元正下方，包括空压机、输气管和曝气管，其中，空压机置于可移动平台船舱内部，空压机的出气口通过输气管与曝气管连通，曝气管置于碳纤维净化单元底部，曝气管上设置有若干微纳米级的曝气孔，空压机、输气管和曝气管可拆卸连接。通过调节微纳米曝气单元的曝气量和曝气时间，使碳纤维净化单元附近的溶解氧保持在 6.0～9.0 mg/L。微纳米曝气单元一方面通过提高水体溶解氧浓度，提高水体中微生物和藻类的生物量和活性，从而增强水体自净能力；另一方面为碳纤维生物膜提供充足氧气，提高系统（II）的水质净化效果。

3. 自主导航系统

自主导航系统采用"海德拉无人船地面站"系统，实现系统（II）的全天候自主导航。自主导航系统支持自动和手动航线规划、支持采样、测绘、水文测量等任务规划、可通过摇杆对无人船进行遥控控制，具体功能见表 8.2.1。

表 8.2.1　自主导航系统功能

支持地图	航线规划	任务规划	状态监控	遥控控制
必应地图、高德地图、谷歌中国地图等	支持自动和手动航线规划，支持航行中航线变更	支持采样、测绘、水文测量等任务规划	可显示无人船的位置、航向、航速、航迹、剩余电量等；可显示无人船工作状态信息、警告提示等	地面可通过摇杆对无人船进行遥控控制

航行主控界面显示无人船的航行线路和船控状态信息，并支持实时控制，以及实时视频观看。界面主要由"状态栏""巡航速度设置""地图""控制按钮"等组成。

航线规划有两种方式：第一种在地图上手动确定航点和航线；第二种根据在地图上选择的区域进行自动规划。同时，可根据无人船实时航行轨迹，规划自主导航区域。自主导航的方法如下。

（1）记录轨迹。在连接无人船船控正常的前提下，勾选地图工具下的"记录轨迹"功能。使用遥控器手动控制无人船沿着待测区域边界航行，地面站软件会在地图上记录航行的轨迹范围，为规划区域的边界提供参考。

（2）手动规划。进入"任务计划"界面，勾选"范围或航点"，然后在地图上根据需要测试的水域，进行手动设置航点，根据航点位置在地图上绘制出相应的航线。根据需要可以在"任务计划"界面下的列表控件中编辑航点的任务。在规划完成后，在航点文件菜单中选择"写入航点"，将航点信息保存到无人船后，可在航行主控内"启动"自动航行（航行主控内可对返航终点进行拖动设置）。

（3）自动规划。在任务规划栏中勾选"范围或航点"功能，在合适的地图缩放比例下（推荐 16 倍及以上）手动打点确定航行区域范围。在确定一个多边形范围后，可使用自动规划功能对需要覆盖的区域进行规划：勾选"任务规划"后，在界面的右边会出现自动规划参数输入框；输入间隔、角度、开始位置，然后点击"规划"按钮，系统将自动产生满足条件的规划点和规划线路。

将系统（II）按照预先设定的航行路线自主导航，使碳纤维净化单元、微纳米曝气单元与待治理水域水体不断接触，对污染水体进行原位就地处理，不必将整个水域的水体抽吸到船上进行治理，再排入水域中。系统（II）适用于地表水域中体积较大的水体，全天候对水域进行净化，可有效解决湖泊、水库、池塘、景观水体等缓流问题或湖库水体的富营养化问题。

8.2.3 水质净化功能验证

本节通过原位实验对系统（Ⅱ）的水质净化功能进行验证，在实验场开展移动式水质净化原位实验。

1. 实验方案

实验场通过围隔分隔为三个区域，分别设置为移动组、静止组和空白组。通过对比分析不同实验组水体水质变化及碳纤维上的微生物变化，探明系统（Ⅱ）的移动式水质净化效果及规律。实验方案详见表 8.2.2。

表 8.2.2　系统（Ⅱ）搭载碳纤维水质净化实验方案

实验组编号	实验组名称	实验水域面积/m²	碳纤维数量/束	碳纤维载体及尺寸
Ⅰ	移动组	1 300	158	系统（Ⅱ）（4.5 m×4.5 m）
Ⅱ	静止组	700	80	浮筒（2.7 m×3.3 m）
Ⅲ	空白组	500	0	—

实验开始时，先将移动组和静止组碳纤维进行人工预挂膜 7 d，至碳纤维上微生物膜达到稳定，预挂膜的微生物菌剂包括硝化细菌、反硝化细菌、聚磷菌、光合细菌、芽孢杆菌、类球红细菌和植物乳杆菌。移动组每天定时开启自主航行模式使移动平台以 0.1 m/s 的速度按照预设路径往复移动，静止组碳纤维均匀布设于实验区域。定期采集水样和碳纤维样品，同时采用 YSI EXO2 多参数水质分析仪测定水体水温、pH 和溶解氧等理化参数。实验开始后，每隔一天取适量碳纤维和水样，分别检测碳纤维上的微生物量和微生物活性，以及水体总氮、氨氮和总磷质量浓度。

2. 实验方法

碳纤维上微生物指标（微生物量、微生物活性与微生物多样性等）的测定方法同 6.1。水质理化指标（水温、电导率、总磷、氨氮等）的测定方法同 3.1.1。

3. 水质净化效果

1）溶解氧的变化

DO 是反映水质状况的重要指标。各实验组水体 DO 质量浓度变化见图 8.2.3，对照组、静止组和移动组水体中 DO 质量浓度均呈先下降后升高的趋势。在实验初期，围隔内水体处于静止状态，导致水体的 DO 质量浓度下降；在实验中期，围隔内藻细胞大量增殖，初步形成藻场，藻场内藻细胞利用光合作用，向水体中释放氧气，因此，水体中 DO 质量浓度开始上升；在实验后期，随着围隔内藻类的生长，围隔内形成稳定的藻场，这期间 DO 质量浓度趋于稳定，有利于水体的自净。

由于移动平台上搭载的微纳米曝气单元和船体自身的移动，移动组水体 DO 浓度始终

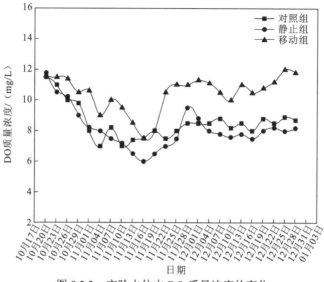

图 8.2.3　实验水体中 DO 质量浓度的变化

高于静止组和对照组。在本实验期间，移动组水体溶解氧含量始终保持在 I 类，而对照组和静止组在本实验周期内，溶解氧由初始的 I 类降低至 II 类，之后逐渐升高并保持在 I 类。

2）总氮的变化

各实验组水体 TN 质量浓度变化如图 8.2.4 所示，碳纤维净化后的 1 个月，TN 削减率达到最高，这是因为碳纤维具有巨大的比表面积，通过物理吸附作用吸附了水体中大量氮元素，高效地去除水中的营养物质，所以 TN 质量浓度快速降低，这一阶段碳纤维上的生物膜形成，碳纤维上的生物膜达到稳定期，在生物膜上同时存在着两种主要的生物作用：一是生物硝化作用；二是有机物的生物氧化作用。在这期间，实验区内的大型丝状绿藻开始大规模生长，形成人工藻场，藻类通过吸收水中的氮元素促进自身的生长，

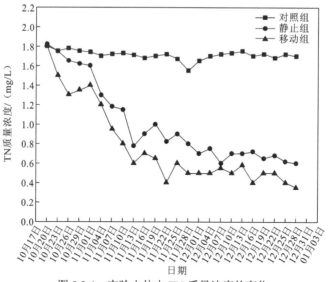

图 8.2.4　实验水体中 TN 质量浓度的变化

从而降解了水体中含氮营养物质。在碳纤维净化后的第二个月，水温较低，微生物和藻类的新陈代谢较慢，使得实验区水体 TN 质量浓度基本保持恒定，净化效率降低。

静止组和移动组水体中 TN 质量浓度的变化均表现为在第一个月 TN 质量浓度迅速下降，在第二个月达到平衡。在第一个月（10 月 20 日～11 月 19 日），静止组水体 TN 质量浓度降至 1.00 mg/L，去除率为 45.1%；移动组水体 TN 质量浓度降至 0.65 mg/L，去除率为 64.1%，移动组比静止组 TN 去除率提高了 19.0%。第二个月（11 月 20 日～12 月 19 日），静止组和移动组水体中 TN 质量浓度均无明显变化，本实验结束后静止组水体 TN 质量浓度降低至 0.58 mg/L，去除率为 67.8%；移动组水体 TN 质量浓度降低至 0.35 mg/L，去除率为 80.7%，移动组比静止组 TN 去除率提高了 12.9%。

3）总磷的变化

各实验组水体 TP 质量浓度的变化如图 8.2.5 所示，TP 质量浓度首先急剧下降，主要因为碳纤维吸附了水体中的大量磷，从而高效地去除了水体中的含磷营养物质，同时形成生物膜，在高效吸附和藻类生长吸收磷的双重作用下，水体中的 TP 在较短的时间内减少。随着实验周期延长，碳纤维吸附逐渐趋于饱和状态，TP 削减速率降低，同时生物膜逐渐进入稳定期。12 月份由于温度的降低，微生物的活性下降，降解速度降低，因此在实验后期，TP 质量浓度下降不明显。

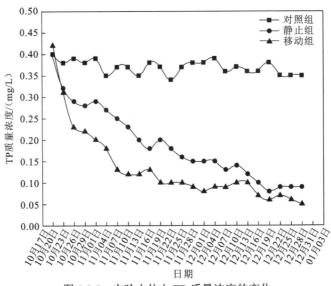

图 8.2.5　实验水体中 TP 质量浓度的变化

移动组和静止组水体中 TP 质量浓度呈下降的趋势。在 11 月 16 日，静止组水体 TP 质量浓度降低至 0.17 mg/L，去除率为 57.5%；移动组水体 TP 质量浓度降低至 0.13 mg/L，去除率为 69.0%，移动组比静止组 TP 去除率提高了 11.5%。在实验后期，静止组和移动组水体中 TP 质量浓度无明显差异，静止组水体 TP 质量浓度降低至 0.09 mg/L，去除率为 77.5%；移动组水体 TP 质量浓度降低至 0.05 mg/L，去除率为 88.1%，移动组比静止组 TP 去除率提高了 10.6%。

4）pH 的变化

pH 是影响微生物降解污染物的重要因素之一，这主要体现在它能影响微生物体内酶的活性。酶只有在适宜的 pH 时才能发挥其最大活性，不适宜的 pH 会使酶的活性降低，影响微生物细胞的生物化学过程，进而影响微生物的生长繁殖（李兰　等，2013）。因此对 pH 进行监测和分析，有利于对碳纤维净化水质机理的研究。通过监测发现 pH 的变化范围为 5.9~8.6（图 8.2.6），均在硝化细菌和微型动物正常生长所需 pH 范围内，因此不会对微生物降解能力产生影响。

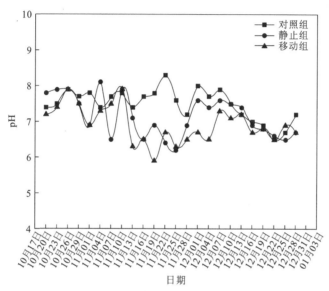

图 8.2.6　实验水体 pH 的变化

5）微生物量的变化

碳纤维上微生物量的变化可反映微生物的生长代谢过程，其与水体中氮磷等营养盐的含量密切相关。在本实验中，静止组和移动组碳纤维上微生物量的变化趋势一致，即先升高，达到最高值后开始缓慢下降（图 8.2.7）。碳纤维上微生物量的变化与水体中氮磷等营养盐去除率均呈先升高，达到稳定后逐渐下降的趋势，表现出高度相关性。在碳纤维净化初期，水中氮磷等营养盐浓度较高，满足微生物生长和繁殖需求，微生物量快速增加，后期由于营养物质匮乏，生物膜开始脱落，微生物量开始逐渐下降。

在本实验中，移动组碳纤维上的微生物量明显高于静止组。碳纤维放入水体中第 36 d，碳纤维上微生物量达到最高值，静止组碳纤维上的微生物量最高值为 60 μmol P/g CF，移动组碳纤维上的微生物量最高值为 102 μmol P/g CF，移动组比静止组碳纤维上微生物量峰值提高 67.2%。本实验结束后，静止组碳纤维上的微生物量为 39 μmol P/g CF，移动组碳纤维上的微生物量为 75 μmol P/g CF，移动组比静止组碳纤维上微生物量峰值提高 92.3%。

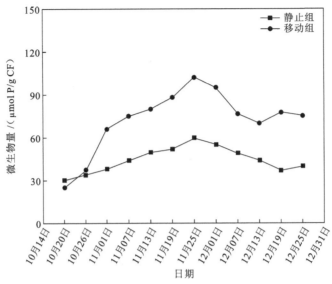

图 8.2.7　碳纤维上微生物量的变化

8.3　本章小结

（1）笔者设计开发了系统（Ⅰ）和系统（Ⅱ），优化了其结构设计及功能布局。系统（Ⅰ）具体组成包括水处理单元、导航单元、水质在线检测和信息反馈单元、动力单元等；系统（Ⅱ）的具体组成包括可移动平台、碳纤维净化单元、微纳米曝气单元、水质在线检测单元、自主导航系统和动力推进单元等。

（2）笔者基于野外围隔实验，优化了系统（Ⅰ）各单元的工作参数，其中吸附单元，建议选取 8 g/L 活性氧化铝，其可循环使用 8 次；曝气单元曝气强度选择 0.5 kg/cm²，微孔曝气装置的启闭时间间隔为 10 min；微电流电解单元，建议选择钌钛阳极和不锈钢阴极电极材料，电流密度为 9～12 mA/cm²，电极组间隔 80 cm。通过原位实验对系统（Ⅱ）进行功能验证表明，相对于静止投放碳纤维，系统（Ⅱ）搭载碳纤维进行移动式水质净化可显著提高水体溶解氧含量（提高 18.0%）和总氮去除率（提高 12.9%），同时系统（Ⅱ）上碳纤维表面附着的微生物量显著提高（提高 92.3%）。

第 9 章

技术应用及示范

本章应用设计开发的基于湖库富营养化水体快速治理的移动式水质净化系统（I）和维持水生态平衡需求的移动式水质净化系统（II），在武汉市蔡甸区后官湖和江夏区典型富营养化湖泊建立示范点，开展富营养化水体氮磷去除及水华治理技术应用示范，并对应用效果进行综合评价。

9.1　移动式水质净化系统（I）应用示范

9.1.1　应用示范案例一

针对富营养化水体氮磷污染治理,在武汉市后官湖小型湖汊,布置实施围隔实验(体积约为 50 m³ 的水体),实验具体步骤为:①取初始水样测定其氨氮和磷酸盐含量,通过投加一定量的氯化铵和磷酸二氢钾、使之达到地表水劣 V 类标准;②将活性氧化铝装入曝气设备中,通过间歇曝气,逐步去除水体中氮磷等营养元素,曝气和电解持续时间均为 30 min,即 1 h 内曝气 30 min,电解 30 min,并且通过遥控移动系统(I),使湖库水体的物质均匀分布;③每间隔 1 h 取一次水样,测定其中的氨氮和磷酸盐含量,掌握曝气和吸附协同作用对水体中氮磷营养元素的去除效果(图 9.1.1)。

图 9.1.1　系统（I）应用于武汉后官湖治理

对于体积为 50 m³ 的水体,通过间歇曝气处理,以及持续吸附作用,经过 2 h 的处理,水体中氨氮质量浓度从 2.10 mg/L(劣 V 类水)降低到 1.40 mg/L(满足 IV 类水质标准),降低 33.3%;磷酸盐质量浓度从 0.22 mg/L(劣 V 类水)降低至 0.10 mg/L(满足 IV 类水质标准),降低 54.5%(图 9.1.2)。

针对水体藻类防控与治理,在武汉市后官湖开展了小水域应用示范,搭建围隔(长 15 m×宽 10 m),水域面积 150 m²,水深 2.4 m,水体共计 360 m³。示范区围隔搭建情况如图 9.1.3 所示。

采用系统(I)对围隔内含藻水体进行微电流电解抑藻处理,处理水域面积为 150 m²。系统(I)每天运行时间是 4 h,稳压电源电流设置为 10 A,每组电极电流密度约为 6.7 mA/cm²。示范时间为 2017 年 7 月,示范现场工作情况如图 9.1.4 所示。

本次示范应用共设置 3 个采样点:1 个为围隔外的对照点;另 2 个采样点位于围隔内,1 个在围隔中心处(围隔内采样点 1),1 个在围隔角落处(围隔内采样点 2)。对示

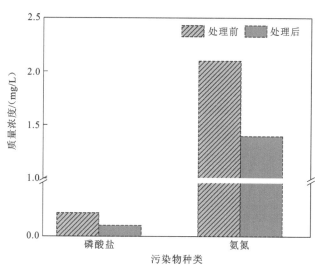

图 9.1.2　系统（Ⅰ）处理前后氨氮和磷酸盐的质量浓度

图 9.1.3　示范区围隔搭建情况

图 9.1.4　现场应用示范情况

范前后的水体理化参数、叶绿素荧光参数和光密度等参数分别进行分析测试，分析微电流电解抑藻的效果。

1. 水体理化参数变化

对微电流电解处理前后水体的叶绿素 a、水温、溶解氧、pH 理化参数数据进行整理分析，结果见表 9.1.1。

表 9.1.1　后官湖小水域围隔实验水体理化参数数据

时间	取样位置	叶绿素 a / （μg/L）	水温/℃	溶解氧 / （mg/L）	pH
示范前	围隔外（对照）	99.78	32.90	10.05	8.30
	围隔内采样点 1	96.55	33.20	10.50	8.41
	围隔内采样点 2	94.04	33.20	10.05	8.40
示范后	围隔外（对照）	92.54	33.70	10.26	8.61
	围隔内采样点 1	63.15	36.20	18.22	8.82
	围隔内采样点 2	62.91	35.90	15.65	8.58

从表 9.1.1 可见，围隔外（对照）示范前后水体叶绿素 a 质量浓度波动较小；微电流电解抑藻示范后，围隔内水体叶绿素 a 质量浓度显著下降，叶绿素 a 质量浓度从初始值 94.04～96.55 μg/L 降低到 62.91～63.15 μg/L，降幅约为 33.1%～34.6%。微电流电解抑藻示范后，围隔内水体的溶解氧含量显著上升，从 10.05～10.50 mg/L 上升至 15.65～18.22 mg/L；水体 pH 也略有上升，从 8.40～8.41 上升至 8.58～8.82。

笔者通过连续观测发现，微电流电解抑藻示范结束后，水体中叶绿素 a 质量浓度可显著降低，但第二天观测时发现水体叶绿素 a 质量浓度有所上升，微电流电解抑藻的持续性未能体现。为提升微电流电解装置的持续抑藻能力，后续开展大面积示范应用时，需考虑向阴阳极板间进行加氯处理，一方面可有效提升电流强度，增强电解抑藻性能；另一方面添加氯化物可有效促进活性氯的产生，活性氯在水体中具有较长的半衰期，可以在水体中游离扩散并赋予水体持续抑藻能力，提升抑藻的持续性。

2. 叶绿素荧光参数变化

对微电流电解处理前后水体藻类叶绿素荧光参数 F_v/F_m、Y(II)、Y(NO)、ETR 等数据进行整理分析，结果见表 9.1.2。

表 9.1.2　后官湖小水域围隔实验水体藻类叶绿素荧光参数数据

时间	取样位置	F_v/F_m	Y(II)	Y(NO)	ETR
示范前	围隔外（对照）	0.538	0.461	0.553	29.1
	围隔内采样点 1	0.468	0.421	0.607	26.5
	围隔内采样点 2	0.473	0.406	0.618	25.6

续表

时间	取样位置	F_v/F_m	Y(II)	Y(NO)	ETR
	围隔外（对照）	0.518	0.475	0.600	29.9
示范后	围隔内采样点 1	0.296	0.317	0.776	20.0
	围隔内采样点 2	0.308	0.345	0.713	21.7

从表 9.1.2 可以看出，示范前后围隔内采样点 1 处 F_v/F_m 值由 0.468 降至 0.296，下降约为 36.8%；围隔内采样点 2 处 F_v/F_m 值由 0.473 降至 0.308，下降约为 34.9%。

3. 光密度值变化

对微电流电解处理前后水体 OD 进行整理分析，结果见表 9.1.3。

表 9.1.3　后官湖小水域围隔实验水体 OD

时间	取样位置	OD		
		450 nm	530 nm	624 nm
	围隔外（对照）	0.225	0.178	0.130
示范前	围隔内采样点 1	0.063	0.045	0.036
	围隔内采样点 2	0.063	0.041	0.037
	围隔外（对照）	0.215	0.171	0.146
示范后	围隔内采样点 1	0.053	0.040	0.032
	围隔内采样点 2	0.053	0.035	0.031

从表 9.1.3 可以看出，围隔外（对照）三个波长（450 nm、530 nm、624 nm）的 OD 相对稳定。在三个波长中，主要作为绿藻吸收峰的 450 nm 与 530 nm 波长处 OD 高于作为蓝藻吸收峰的 624 nm 波长处 OD。在围隔内采样点 1 处，样品在各波长的 OD 均明显小于围隔外样品 OD，但整体而言，示范前后 OD 在 450 nm、530 nm、624 nm 三个波长处的变化均不明显。

9.1.2　应用示范案例二

选择武汉市江夏区安山街胜利村安山基地易发生水华的小型湖泊为示范地（东经 114°17′59.8″，北纬 30°11′17.7″），该典型湖泊水域面积约为 11 000 m²，平均水深约为 1.7 m，水体无明显流速，且表观水质较差，水体有一定程度的富营养化。对推广示范区域 5 个采样点（图 9.1.5）水体的 pH、溶解氧、电导率、总溶解固体、氧化还原电位、浊度、叶绿素 a 参数进行了现场测定，结果见表 9.1.4。

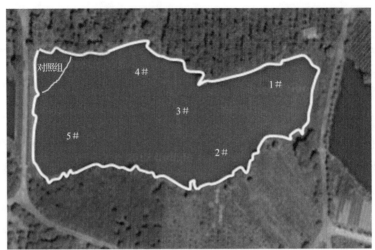

图 9.1.5　采样点布设及地理位置

表 9.1.4　推广示范区域水体水质现场监测结果

采样点编号	pH	电导率/（μS/cm）	溶解氧/（mg/L）	总溶解固体/（mg/L）	氧化还原电位/mV	浊度/NTU	叶绿素 a/（μg/L）
1	8.52	103.70	10.42	132.00	217.20	3.98	20.56
2	8.72	100.00	10.70	128.00	185.60	3.72	19.47
3	8.72	104.00	10.80	133.00	169.60	4.33	21.16
4	8.68	105.30	10.49	134.00	177.40	3.74	20.28
5	8.68	104.60	10.59	138.00	179.50	3.71	19.56

从表 9.1.4 的结果可以看出，叶绿素 a 的质量浓度在 19.47～21.16 μg/L，均值约为 20.21 μg/L，电导率、总溶解固体、浊度在各采样点的含量均大致相当，说明水体水质较为均匀。从水体表观颜色可以看出水体较混浊。

常规检测指标包括总磷、磷酸盐、总氮、氨氮、硝酸盐氮、氯离子和硫酸根，测定结果见表 9.1.5。

表 9.1.5　推广示范区水体常规检测指标分析结果

采样点编号	总磷/（mg/L）	磷酸盐/（mg/L）	总氮/（mg/L）	氨氮/（mg/L）	硝酸盐氮/（mg/L）	氯离子/（mg/L）	硫酸根/（mg/L）
1	0.06	0.03	1.44	0.46	0.24	4.53	9.73
2	0.07	0.02	1.39	0.47	0.27	4.52	9.69
3	0.06	0.02	1.44	0.39	0.22	4.83	10.09
4	0.05	0.02	1.42	0.47	0.27	4.82	10.12
5	0.07	0.02	1.54	0.32	0.24	4.84	10.09

从表 9.1.5 中数据可以看出，总磷质量浓度在 0.05～0.07 mg/L，均值约为 0.06 mg/L；磷酸盐质量浓度均值约为 0.02 mg/L；总氮质量浓度在 1.39～1.54 mg/L，均值约为

1.45 mg/L；氨氮质量浓度在 0.32～0.47 mg/L，均值约为 0.42 mg/L；硝酸盐氮质量浓度在 0.22～0.27 mg/L，均值约为 0.25 mg/L；氯离子的质量浓度在 4.52～4.84 mg/L，均值约为 4.71 mg/L；硫酸根的质量浓度在 9.69～10.12 mg/L，均值约为 9.94 mg/L。

安山基地内小型湖泊水体的总氮质量浓度均值约为 1.45 mg/L、总磷质量浓度均值约为 0.06 mg/L。国际上普遍认为总氮质量浓度＞0.2 mg/L，总磷质量浓度＞0.02 mg/L，属于富营养化水体。安山基地湖泊水体已属于富营养化水体。

F_v/F_m 是暗适应后光系统 II 的最大量子产量，代表开放的光系统 II 反应中心捕获激发能的效率。Y(II)是光适应下光系统 II 的实际量子产量，反映光系统 II 线性电子传递效率或光能捕获的效率。ETR 表征实际光合效率，即藻类用于光合电子传递的能量占所吸收能量的比例，是光系统 II 反应中心关闭时的效率。Y(NO)代表光系统 II 的非调节性能量耗散的量子产量，同时也是光损伤的重要指标。采用叶绿素荧光仪测定 F_v/F_m、Y(II)、Y(NO)、ETR 4 个参数的数值，结果如表 9.1.6 所示。

表 9.1.6 推广示范区水体藻类叶绿素荧光参数数值

采样点编号	F_v/F_m	Y(II)	ETR	Y(NO)
1	0.497	0.188	11.9	0.541
2	0.419	0.202	12.7	0.558
3	0.426	0.211	13.3	0.554
4	0.422	0.213	13.4	0.576
5	0.412	0.210	13.2	0.569

从表 9.1.6 可以看出，5 个采样点中，F_v/F_m 的数值在 0.412～0.497，均值约为 0.435；Y(II)的数值在 0.188～0.213，均值约为 0.205；ETR 的数值在 11.9～13.4，均值为 12.9；Y(NO)的数值在 0.541～0.576，均值约为 0.560，各参数变化幅度都不大，间接说明该区域水体藻类分布较为均匀。

经分析，安山基地典型湖泊水体中共有 16 种藻类，香农多样性为 2.07，分属蓝藻、绿藻、硅藻、隐藻、裸藻和甲藻六大类，藻细胞密度分别为 $3.120×10^7$ 个/L、$1.233×10^8$ 个/L、$1.500×10^5$ 个/L、$3.000×10^5$ 个/L、$5.000×10^4$ 个/L、$1.500×10^5$ 个/L，其中蓝藻和绿藻为优势藻种，满足水华暴发条件。

从以上现场调研和分析结果来看，该小型湖泊内水体水质总体比较均匀，总氮质量浓度均值约为 1.45 mg/L，总磷质量浓度均值约为 0.06 mg/L，叶绿素 a 平均质量浓度约为 20.21 μg/L，该水体已有一定程度的富营养化状况。

1. 围隔搭建及围隔内水质情况

为了对比进行微电流电解抑藻处理前后水体的水质，采用浮管与帆布在示范地一角搭建形状似三角形的围隔，作为未进行电解处理的对照区域，围隔面积约 300 m²。围隔布设现场图见图 9.1.6。

图 9.1.6 围隔布设现场图

采集围隔内水样现场测定相关参数值，水质参数结果见表 9.1.7，叶绿素荧光参数结果见表 9.1.8。从表 9.1.7 可以看出，技术示范前围隔内水体 pH 为 8.68，略呈碱性；溶解氧质量浓度较高，为 11.48 mg/L；叶绿素 a 为 19.37 μg/L。从表 9.1.8 可以看出，技术示范前围隔内水体中藻类叶绿素荧光值 F_v/F_m 为 0.432；Y(II) 为 0.181；ETR 为 11.5；Y(NO) 值为 0.838。

表 9.1.7　技术示范前围隔内水体水质参数

水质参数	pH	电导率 / (μS/cm)	溶解氧 / (mg/L)	总溶解固体 / (mg/L)	氧化还原 电位/mV	浊度 /NTU	叶绿素 a / (μg/L)
数值	8.68	132.10	11.48	162.00	244.90	3.99	19.37

表 9.1.8　技术示范前围隔内水体中藻类叶绿素荧光参数值

叶绿素荧光参数	F_v/F_m	Y(II)	ETR	Y(NO)
数值	0.432	0.181	11.5	0.838

2. 应用示范情况及结果

采用系统（I）开展安山基地小型湖泊微电流电解抑藻技术应用示范。系统（I）上共有 16 组电极对。在实际运行过程中，考虑到电流负荷的承载力，16 组电极对需分为 2 组，交替运行，每次运行 8 组电极对。根据前期研究获得的工作参数（电流密度＞6 mA/cm²），进行加氯和微电流电解技术示范，加氯装置的运行方式为：配制氯化钠溶液 16 L，质量浓度为 62.5 g/L，通过泵注入到电极板阴阳极之间，流量控制在 18～20 L/h，加氯后周围水体氯含量在 15～20 mg/L。现场工作情况如图 9.1.7 所示。

按照图 9.1.5 所示的路线（从采样点 5 依次行进到采样点 1）进行微电流电解技术示范，每天上午（9:00～12:00）和下午（14:00～17:00）各往返运行一次。在微电流电解前后采集水样，测定 5 个采样点水质参数，取平均值分析微电流电解抑藻效果，YSI EXO2 测定结果如表 9.1.9 所示。

图 9.1.7　安山基地现场示范

表 9.1.9　示范应用期间水体水质 YSI EXO2 测定参数值

时间/d	处理	pH	电导率 /(μS/cm)	溶解氧 /(mg/L)	TDS /(mg/L)	氧化还原电位 /mV	浊度 /NTU	叶绿素 a /(μg/L)
1	电解前	8.03	107.3	11.22	148	164.8	5.09	18.53
	电解后	8.52	102.9	11.03	138	166.9	9.97	16.65
5	电解前	8.57	107.4	11.50	154	193.0	4.87	15.54
	电解后	8.54	107.3	11.35	150	172.3	5.99	14.92
10	电解前	8.45	106.4	11.23	149	266.5	4.64	14.25
	电解后	8.51	116.5	10.97	163	236.6	5.68	12.75
16	电解前	8.50	119.1	11.19	162	189.6	8.67	10.12
	电解后	8.52	121.0	10.94	163	158.2	5.61	9.86

2017 年 10 月技术示范期间水质参数变化如下。

示范前水体 pH 均值为 8.03，电导率均值为 107.3 μS/cm，溶解氧均值为 11.22 mg/L，TDS 均值为 148 mg/L，氧化还原电位均值为 164.8 mV，浊度均值为 5.09 NTU。电解处理 16 d 后，pH 均值为 8.52，电导率均值为 121.0 μS/cm，溶解氧均值为 10.94 mg/L，TDS 均值为 163 mg/L，氧化还原电位均值为 158.2 mV，浊度均值为 5.61 NTU。

图 9.1.8 结果显示，经过 16 d 电解处理，水体叶绿素 a 质量浓度由电解前的 18.53 μg/L 减小到 9.86 μg/L，降低约 46.8%。对于浅水湖泊，可假定藻类纵向均匀分布。由于电极板实际有效处理水深仅为 0.5 m，对于平均水深 1.7 m 的湖泊，实际有效处理水体体积占湖泊水体总体积的比例不足 1/3。在此基础上叶绿素 a 质量浓度下降约 46.8%，相当于有效处理部分水体的叶绿素 a 去除率达 100%（实际处理过程中，水体存在一定程度纵向交换）。不仅如此，示范水域在年度内未发生水华现象，说明微电流电解抑藻技术对水体产生了持续抑藻作用。

相比而言，围隔内对照组示范前叶绿素 a 质量浓度为 19.37 μg/L，示范结束后围隔内对照组水样叶绿素 a 质量浓度为 20.72 μg/L，叶绿素 a 质量浓度略有增加。

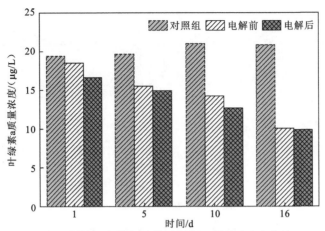

图 9.1.8 技术示范期间水体叶绿素 a 质量浓度变化情况

从表 9.1.10 可以看出，技术示范期间水体叶绿素荧光参数变化如下。

表 9.1.10 技术示范期间水体叶绿素荧光参数值

时间/d	处理	F_v/F_m	Y(II)	ETR	Y(NO)
1	电解前	0.412	0.102	9.5	0.952
	电解后	0.402	0.091	8.7	0.957
5	电解前	0.398	0.095	9.0	0.936
	电解后	0.387	0.086	8.6	0.950
10	电解前	0.386	0.116	7.6	0.898
	电解后	0.381	0.110	7.0	0.924
16	电解前	0.358	0.116	7.6	0.898
	电解后	0.352	0.110	7.0	0.924

示范前 F_v/F_m 均值为 0.412，Y(II) 均值为 0.102，ETR 均值为 9.5，Y(NO) 均值为 0.952。电解处理 16 d 后，F_v/F_m 均值为 0.352，Y(II) 均值为 0.110，ETR 均值为 7.0，Y(NO) 均值为 0.924。经过 16 d 微电流电解处理，叶绿素荧光参数中 F_v/F_m 值由电解前的 0.412 减小到电解后的 0.352，降低约 14.6%。

综上，利用系统（I），经过 16 d 连续电解处理，示范水域水体叶绿素 a 质量浓度由电解前的 18.53 μg/L 减小到 9.86 μg/L，降低约 46.8%，叶绿素荧光参数中 F_v/F_m 值降低约 14.6%。示范水域在示范期间未发生水华现象，表明微电流电解抑藻技术具有持续抑藻作用。

9.2 移动式水质净化系统（II）应用示范

在系统（I）高效快速治理湖库富营养化水体的基础上，本实验采用系统（II）对水体水质进行持续改善和维持,笔者于 2019 年 3～10 月在武汉市后官湖小型湖汉开展水体氮磷营养盐去除示范工作,示范期为 7 个月,通过分析测试示范前后水体氮磷等营养盐浓度变化,查明系统(II)对富营养化水体的水质改善与维持效果。

9.2.1 示范区现场情况

(1)应用示范区概况。示范区为后官湖的一个小型湖汉(东经 114°9′4.70″,北纬 30°31′5.22″),水域面积约 500 m²,平均水深 2.4 m,对照区为后官湖水体。示范区通过地下管道与后官湖水体连通,本实验通过将连通管道封闭,切断示范区与后官湖的水体交换,使得示范区形成封闭水域,水体流动性较差,藻类含量较高,水体呈墨绿色,处于典型的富营养化状态。应用示范区现场情况见图 9.2.1。系统(II)搭载碳纤维生物膜净化单元和微纳米曝气单元,利用自主导航系统在示范区进行移动式水质净化。

图 9.2.1 后官湖示范区现场情况

(2)应用示范区水质特征。应用示范前,对对照区和示范区水体的水温、pH、电导率、溶解氧、总溶解固体、氧化还原电位、浊度、叶绿素 a 等参数进行了现场测定,监测结果见表 9.2.1。

表 9.2.1 应用示范区水体水质现场监测结果

采样位置	水温	pH	电导率 / (μS/cm)	溶解氧 / (mg/L)	总溶解固体 / (mg/L)	氧化还原电位/mV	浊度 / (NTU)	叶绿素 a / (μg/L)
对照区	20.10	7.96	240.50	7.92	166.00	230.50	5.80	45.37
示范区 1#采样点	20.30	7.99	238.60	8.03	170.00	245.20	5.50	45.37
示范区 2#采样点	21.20	8.06	240.10	8.21	165.00	222.20	6.20	41.92
示范区 3#采样点	20.50	8.01	245.50	7.95	158.00	243.60	4.90	42.84

从表 9.2.1 可看出，水温、pH、电导率、溶解氧和浊度等指标各采样点含量大致相当，说明对照区和示范区水体水质均匀。水体中各采样点叶绿素 a 质量浓度均较高，说明水体中藻类含量较高，水体呈富营养化状态。

9.2.2　应用示范情况

在应用示范区的左侧、中央和右侧平均设置 3 个采样点，对照区设置 1 个采样点。通过对应用示范前后的水体总氮、氨氮、总磷和叶绿素 a 分别进行分析检测，查明系统（Ⅱ）对示范区水体的净化效果，现场应用示范见图 9.2.2。

图 9.2.2　应用系统（Ⅱ）净化示范区水体现场图

1. 总氮的变化

在应用示范期内，对照区总氮质量浓度无明显变化，示范区总氮质量浓度呈逐渐下降的趋势，且明显低于对照区（图 9.2.3），其中，1#采样点总氮质量浓度从 1.51 mg/L（Ⅴ类）

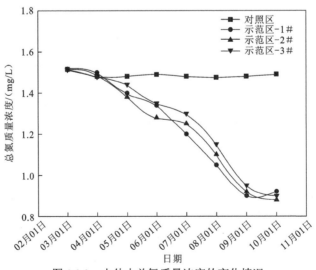

图 9.2.3　水体中总氮质量浓度的变化情况

降到 0.92 mg/L（III 类），总氮去除率约为 39.1%；2#采样点总氮质量浓度从 1.52 mg/L（V 类）降到 0.88 mg/L（III 类），总氮去除率约为 42.1%；3#采样点总氮质量浓度从 1.52 mg/L（V 类）降到 0.90 mg/L（III 类），总氮去除率约为 40.8%，示范区总氮的平均去除率约为 40.7%。

系统（II）对总氮的去除主要是利用碳纤维的物理吸附作用，以及碳纤维表面微生物膜的生物降解作用。在系统（II）应用示范初期，碳纤维表面微生物量较低，主要依靠物理吸附作用，吸收水体中颗粒态无机氮、有机氮等营养物质，为碳纤维表面微生物提供了生长繁殖所需营养物质，促进了碳纤维表面生物膜的形成。随着碳纤维表面生物膜厚度增加，单根纤维丝之间的碰撞和黏结概率增大，纤维丝相互缠绕形成片团结构，最终形成具有立体空间结构的微生物膜。随着微生物膜厚度的不断增加，微生物膜由外向内依次形成了好氧微环境和厌氧微环境，为硝化细菌、反硝化细菌、聚磷菌和原生动物等多种好氧和厌氧微生物的共同生长繁殖，以及硝化与反硝化作用提供了微环境。在好氧层，先是由亚硝酸盐球菌属、亚硝酸盐单胞菌属等亚硝化细菌通过亚硝化作用将氨氮氧化为亚硝酸盐氮，然后是由球菌属、螺旋菌属、硝化杆菌属等硝化细菌通过硝化作用将亚硝酸盐氮氧化成硝酸盐氮，最终通过氧化还原作用还原为氮气，将含氮营养物质排出水体。在厌氧层，无色杆菌属、螺旋菌属、反硝化杆菌属、假单胞菌属等反硝化细菌利用反硝化作用将亚硝酸盐氮和硝酸盐氮还原为氮气、一氧化氮或一氧化二氮，去除水体中无机氮和有机氮等含氮营养物质。

2. 氨氮的变化

在应用示范期内，对照区氨氮质量浓度无明显变化，示范区氨氮质量浓度呈逐渐下降的趋势，且明显低于对照区（图 9.2.4），其中，1#采样点氨氮质量浓度从 0.51 mg/L（III 类）降到 0.17 mg/L（II 类），氨氮去除率约为 66.7%；2#采样点氨氮质量浓度从 0.52 mg/L

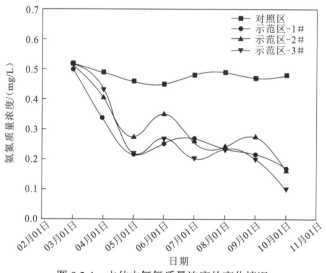

图 9.2.4　水体中氨氮质量浓度的变化情况

（III 类）降到 0.16 mg/L（II 类），氨氮去除率约为 69.2%；3#采样点氨氮质量浓度从 0.51 mg/L（III 类）降到 0.10 mg/L（I 类），氨氮去除率约为 80.4%；示范区氨氮的平均去除率约为 72.1%。

水体中氨氮质量浓度在系统（II）净化前期下降明显，主要是因为净化前期，水体中的营养物质丰富，溶解氧充足，硝化细菌对氧的竞争能力强于异养菌，硝化作用明显，硝化速率较快，能够快速使水体中的氨氮氧化，转变为硝态氮或生化作用吸收，从而使水体中氨氮质量浓度在净化初期下降明显。净化后期，水体中的营养物质减少，硝化细菌对氧的竞争能力减弱，反硝化作用占主导，从而水体中氨氮的去除率逐渐降低。

3. 总磷的变化

在应用示范期内，对照区总磷质量浓度无明显变化，示范区总磷质量浓度呈逐渐下降的趋势，且明显低于对照区（图 9.2.5），其中，1#采样点总磷质量浓度从 0.26 mg/L（劣 V 类）降到 0.16 mg/L（V 类），总磷去除率约为 38.5%；2#采样点总磷质量浓度从 0.27 mg/L（劣 V 类）降到 0.17 mg/L（V 类），总磷去除率约为 37.0%；3#采样点总磷质量浓度从 0.27 mg/L（劣 V 类）降到 0.16 mg/L（V 类），总磷去除率约为 40.7%；示范区总磷的平均去除率约为 38.7%。

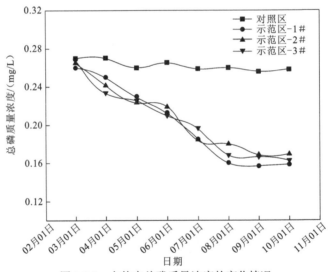

图 9.2.5　水体中总磷质量浓度的变化情况

系统（II）对总磷的去除主要是利用碳纤维及其表面生物膜的吸附作用，碳纤维具有丰富的微孔结构和良好的生物亲和性，因此具备优异的吸附性能，随着碳纤维对营养物质的吸附和富集，水体中的微生物逐渐附在碳纤维表面形成一层生物膜。在净化初期，碳纤维和其表面生物膜通过吸附水体中颗粒态磷，从而使水体中总磷质量浓度明显降低。随着碳纤维表面微生物经历了生长、繁殖、死亡动态过程，碳纤维表面的活性位点很容易因微生物的死亡而堵塞，影响微生物的生长繁殖，同时碳纤维表面生物膜开始脱落，从而导致水体中总磷的去除率下降。

4. 叶绿素 a 的变化

在应用示范期内，对照区和示范区叶绿素 a 质量浓度均呈先上升后下降的变化趋势，在 7 月份水体中叶绿素 a 质量浓度达到最高值，示范区水体叶绿素 a 质量浓度明显低于对照区（图 9.2.6），其中，1#采样点叶绿素 a 质量浓度从 45.37 mg/L 降到 34.56 mg/L，叶绿素 a 去除率约为 23.8%；2#采样点叶绿素 a 质量浓度从 41.92 mg/L 降到 28.95 mg/L，叶绿素 a 去除率约为 30.9%；3#采样点叶绿素 a 质量浓度从 42.84 mg/L 降到 32.11 mg/L，叶绿素 a 去除率约为 25.0%；示范区叶绿素 a 的平均去除率约为 26.6%。

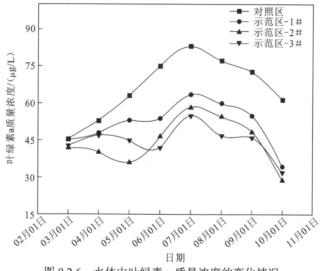

图 9.2.6　水体中叶绿素 a 质量浓度的变化情况

叶绿素 a 是水体富营养化重要的评价指标之一，在系统（II）应用示范期内，示范区叶绿素 a 质量浓度明显降低，表明水体富营养化状态得到明显改善。一方面，水体中氮磷营养盐的含量下降，水体中营养物质浓度的降低，从而影响藻类的生长和繁殖；另一方面，碳纤维表面生物膜为附着藻类提供载体和营养物质，附着藻类占主导，水体中游离藻类含量降低，因此水体叶绿素 a 质量浓度下降。

综上，采用系统（II）在武汉市后官湖湖汊开展为期 7 个月的富营养化水体治理技术示范，水体总氮质量浓度降低约 40.7%；氨氮质量浓度降低约 72.1%；总磷质量浓度降低约 38.7%；叶绿素 a 质量浓度降低约 26.6%。通过技术应用示范，示范区水体氮磷营养盐含量明显降低，同时富营养化状态得到明显改善。

9.3　技术评价及经济性分析

9.3.1　技术评价

系统（I）的设计思路是将多种物理、化学处理技术进行有机组合并优化集成到可移动的平台上，针对水体中不同污染物种类选择不同的技术单元组合，通过该系统在自然水域表面的移动，使集成的处理单元与水体直接接触，对水中的氮磷、藻类等进行原位处理，实现对水域的直接净化。具体而言，系统（I）主要搭载微孔曝气、高性能吸附、微电流电解等核心水处理单元，并发挥单元间的协同作用；通过水质在线检测和信息反馈自动控制单元实现智能控制。系统（I）具有高适应性、模块化、可全天候运行等特点，将氮磷等污染物带离水体并进行资源化利用，对藻类生长进行有效抑制，有利于湖库水域生态建设。应用系统（I）治理体积为 50 m³ 的富营养化水体，通过交替曝气处理，以及吸附处理，经过 2 h 治理后，水体中氨氮质量浓度从 2.10 mg/L（劣 V 类水）降低到 1.40 mg/L（满足 IV 类水质标准），降低约 33.3%；磷酸盐质量浓度从 0.22 mg/L（劣 V 类水）降低至 0.10 mg/L（满足 IV 类水质标准），降低约 54.5%。

系统（II）采用双体船结构，在可移动平台上搭载碳纤维净化单元、微纳米曝气单元、水质检测单元、自主导航系统和动力推进单元等，根据水体污染程度和治理需求，进行组合和拼接。碳纤维净化单元是核心水处理单元，一方面通过碳纤维的多孔结构，吸附和拦截水体中悬浮物质，降低水体中颗粒态氮磷等营养盐的浓度，并在其表面形成生物膜；另一方面利用表面生物膜中脱氮固磷微生物的代谢作用（如氨化作用、硝化作用和反硝化作用等），降解水体中溶解态氮磷等营养盐的含量,从而起到脱氮除磷的作用。自主导航系统采用"海德拉无人船地面站"系统，实现系统（II）的全天候自主导航和运行，对湖库富营养化水体具有水质改善与维持作用。应用移动式水质净化系统（II）治理 3 000 m³ 的富营养化湖泊，通过为期 7 个月治理与运行维护，水体总氮质量浓度降低约 40.7%；氨氮质量浓度降低约 72.1%；总磷质量浓度降低约 38.7%。在治理期内，叶绿素 a 的质量浓度也显著降低，叶绿素 a 去除率约为 26.6%，表明移动式水质净化系统（II）对湖库富营养化水体水质具有显著改善效果，同时对水生态平衡具有维持作用。

9.3.2　技术经济性分析

系统（I）的造价成本约为 20.0 万，低于市售的移动曝气船、移动净化船、藻类打捞船等的成本，而且移动平台的使用寿命较长，总体上成本相对较低，而且其根据不同的需要嵌入不同的功能模块，实现多种污染物去除。运行成本包括电力消耗、耗材消耗和人力投入的费用等，综合估算，处理 1 m³ 水体的价格在 0.2 元以下。

系统（II）的造价成本约为 24.0 万元，在相同处理能力下，成本低于静止布设碳纤维、生态浮岛等技术，另外系统（II）搭载自主导航系统，可实现全天候自主导航和运行，从而显著降低人力投入，综合估算电力消耗、耗材消耗和人力投入等运行成本，处理 1 m^3 水体的价格在 0.3 元以下。

9.4　本　章　小　结

（1）应用系统（I）在武汉市后官湖小型湖汊开展了面积为 50 m^2 的现场技术示范。与对照区相比，通过交替曝气处理，以及持续的吸附作用，经过 2 h 的处理，水体中氨氮质量浓度降低 33.3%，磷酸盐质量浓度降低 54.5%。

利用以系统（I）为主的组合式设备在江夏区安山基地典型湖泊（平均水深 1.7 m）开展了面积为 11 000 m^2 的现场应用示范，与对照区相比，经过 16 d 连续电解处理，示范水域水体叶绿素 a 质量浓度降低约 46.8%，叶绿素荧光参数中 F_v/F_m 值降低约 14.6%；技术应用示范期间及年底内水体无水华发生，微电流电解技术对藻类生长的有效抑制时间达 30 d 以上。

（2）应用系统（II）在武汉市后官湖小型湖汊（平均水深 2.4 m）开展了面积约 500 m^2 的现场技术示范。与对照区相比，经过 7 个月维护，治理区水体总氮质量浓度降低约 40.7%；氨氮质量浓度降低约 72.1%；总磷质量浓度降低约 38.7%；叶绿素 a 质量浓度降低约 26.6%，示范区水体氮磷营养盐含量显著降低，同时富营养化状态得到明显改善。

（3）基于现场应用示范实验数据，分析移动式水质净化系统的经济成本。综合估算电力消耗、耗材消耗和人力投入等运行成本，系统（I）处理 1 m^3 水体的价格在 0.2 元以下；系统（II）处理 1 m^3 水体的价格在 0.3 元以下。

参 考 文 献

曹世玮, 陈卫, 荆肇乾, 2012. 高钙粉煤灰陶粒对人工湿地强化除磷机制[J]. 中南大学学报(自然科学版), 43(12): 4939-4943.

陈靖, 李伟民, 丁文川, 等, 2015. Fe/Mg 负载改性竹炭去除水中的氨氮[J]. 环境工程学报, 9(11): 5187-5192.

陈江, 汪丽, 王东洲, 等, 2013. 水动力循环复氧控藻技术在城市景观水体富营养化治理中的应用研究[J]. 安徽农业科学, 41(10): 4439-4441, 4612.

陈莲花, 刘雷, 2007. 叶绿素荧光技术在藻类光合作用中的应用[J]. 江西科学, 6(4): 788-790, 806.

迟巍, 万成炎, 彭建华, 等, 2012. 超声波除藻概述[J]. 三峡环境与生态, 34(6): 26-28.

丁丽飞, 李海燕, 白敏冬, 等, 2017. 羟基自由基快速杀灭典型水华藻的研究[J]. 中国环境科学, 37(7): 2633-2638.

丁旸, 浦跃朴, 尹立红, 等, 2009. 超声除藻的参数优化及其在太湖除藻中的应用[J]. 东南大学学报(自然科学版), 39(2): 354-358.

董阳, 雷月华, 李春杰, 等, 2012. 水化硅酸钙与沸石滤柱去除水中低浓度氮磷[J]. 净水技术, 31(5): 29-32, 62.

冯宁, 毛锋, 李晓阳, 等, 2010. 滇池生态安全综合评估研究[J]. 环境科学, 31(2): 282-286.

付瑶, 陈凡立, 蒋文强, 等, 2021. 溶解氧及温度对潜流人工湿地去除微污染水体中氨氮及总磷的影响研究[J]. 山东化工, 50(15): 259-262.

高耀文, 段宁, 吴克明, 等, 2012. 硅藻土基复合除磷剂的制备及其吸附性能[J]. 生态与农村环境学报, 28(6): 706-711.

国家环境保护总局, 国家质量监督检查检疫总局, 2002. 地表水环境质量标准: GB 3838—2002[S].北京: 中国环境出版集团.

郭金耀, 杨晓玲, 2008. 锰对盐藻生长与物质积累的调控作用[J]. 水产科学, 27(3): 148-150.

郭照冰, 陈天, 陈天蕾, 等, 2011. 铁盐改性废弃蛋壳对水中磷的吸附特征研究[J]. 中国环境科学, 31(4): 611-615.

韩志国, 雷腊梅, 博平, 2005. 利用调制荧光仪在线监测叶绿素荧光[J]. 生态科学, 23(3): 246-249, 253.

黄海明, 肖贤明, 晏波, 2008. 折点氯化处理低浓度氨氮废水[J]. 水处理技术, 8: 63-65, 78.

黄军, 邵永康, 2013. 高效吹脱法+折点氯化法处理高氨氮废水[J]. 水处理技术, 39(8): 131-133.

蒋丽, 谌建宇, 李小明, 等, 2011. 粉煤灰陶粒对废水中磷酸盐的吸附试验研究[J]. 环境科学学报, 31(7): 1413-1420.

康家伟, 杨琦, 尚海涛, 等, 2006. 含铁矿物吸附剂除磷机理研究及中试应用[J]. 给水排水, 32(10): 28-31.

孔繁翔, 宋立荣, 等, 2011. 蓝藻水华形成过程及其环境特征研究[M]. 北京: 科学出版社.

李宏, 汪万新, 孙长俊, 等, 2013. 循环水系统漏氨的危害成因及防治对策[J]. 大氮肥, 36(4): 239-241, 245.

李兰, 索帮成, 常布辉, 等, 2013. 碳素纤维改性及其在富营养化水体中的挂膜实验[J]. 中国农村水利水电, 3: 53-57, 61.

李玲, 李文朝, 李海英, 等, 2009. 曝气汲水技术用于污染水体生态修复的研究[J]. 中国给水排水, 25(17): 39-42.

李伊晗, 刘松涛, 陈璐璐, 等, 2021. CN 负载 Pt 电催化氧化去除海水养殖循环水中氨氮[J]. 环境化学, 40(9): 2864-2872.

李卓娜, 孟范平, 赵顺顺, 等, 2010. 四溴联苯醚 BDE-47 对 2 种海洋微藻光合特性的影响[J]. 中国环境科学, 30(2): 233-238.

林莉, 李青云, 黄茁, 等, 2012. 微电流电解对铜绿微囊藻的持续抑制研究[J]. 华中科技大学(自然科学版), 40(10): 87-90.

林莉, 李青云, 黄茁, 2015a. 湖库水华治理的微电流电解抑藻技术研究[J]. 人民长江, 46(19): 79-82.

林莉, 冯璘, 李青云, 等, 2015b. 微电流电解对铜绿微囊藻（Microcystis aeruginosa）叶绿素荧光特性的影响[J]. 湖泊科学, 27(5): 873-879.

林蕴霞, 2014. 化学沉淀法处理农药含磷废水的研究[J]. 天津化工, 28(1): 47-49.

凌晖, 王诚信, 史可红, 1999. 纯氧曝气在污水处理和河道复氧中的应用[J]. 中国给水排水, 15(8): 49-51.

刘宫昊, 2021. 低 Pt 含量 Pt/C 催化气体扩散电极制备及其在锌电积中的应用[D]. 北京: 北京化工大学.

刘通, 闫刚, 姚立荣, 等, 2011. 沸石的改性及其对水源水中氨氮去除的研究[J]. 水文地质工程地质, 38(2): 97-101.

刘永, 蒋青松, 梁中耀, 等, 2021. 湖泊富营养化响应与流域优化调控决策的模型研究进展[J]. 湖泊科学, 33(1): 49-63.

陆桂华, 张建华, 等, 2011. 太湖蓝藻监测处置与湖泛成因[M]. 北京: 科学出版社.

马健荣, 邓建明, 秦伯强, 等, 2013. 湖泊蓝藻水华发生机理研究进展[J]. 生态学报, 33(10): 3020-3030.

马为民, 米华玲, 沈允钢, 2008. 一种观察藻胆体移动的光漂白后荧光恢复技术[J]. 植物生理学通讯, 44(3): 536-538.

孟锋, 柴易达, 杨敏鸽, 等, 2020. 电絮凝法去除中水中的氨氮和总磷及机理探讨[J]. 当代化工, 49(2): 283-286.

孟顺龙, 胡庚东, 瞿建宏, 等, 2013. 镧/铝改性沸石的磷释放条件及再生能力研究[J]. 农业环境科学学报, 32(7): 1473-1478.

宁平, 邓春玲, 普红平, 等, 2002. 活性氧化铝吸附水中的磷酸盐[J]. 有色金属, 54(1): 37-39.

欧桦瑟, 高乃云, 郭建伟, 等, 2011. 氯化和 UVC 灭活铜绿微囊藻的机理[J]. 华南理工大学学报(自然科学版), 39(6): 100-105.

彭晓丽, 张蔚霞, 徐芳, 2013. 磁性 Fe_3O_4/Beta 沸石复合材料制备及其水体磷污染物吸附行为研究[J]. 化学世界, 54(3): 145-147, 151.

钱丹, 王宏丽, 赵双喜, 等, 2018. 超声波除藻技术研究及应用前景[J]. 海河水利, 6: 52-54.

邱丽佳, 张君枝, 张艳娜, 等, 2017. H_2O_2 氧化铜绿微囊藻致嗅物质及灭藻效应研究[J]. 环境科学学报, 37(3): 954-961.

宋玉芝, 蔡炜, 秦伯强, 2009. 太湖常见浮叶植物和沉水植物的光合荧光特性比较[J]. 应用生态学报,

20(3): 569-573.

孙婷婷, 高菲, 林莉, 等, 2020. 复合金属改性生物炭对水体中低浓度磷的吸附性能[J]. 环境科学, 41(2): 784-791.

孙玉营, 吴进怡, 柴柯, 等, 2017. 高压脉冲电场结合炭黑复合涂层对硅藻活性的影响研究[J]. 中国材料进展, 36(4): 61-66.

唐洪武, 袁赛瑜, 肖洋, 2014. 河流水沙运动对污染物迁移转化效应研究进展[J]. 水科学进展, 25(1): 139-147.

田雅楠, 王红旗, 2011. Biolog 法在环境微生物功能多样性研究中的应用[J]. 环境科学与技术, 34(3): 50-57.

汪小雄, 姜成春, 朱佳, 等, 2012. 臭氧灭活水中铜绿微囊藻影响因素研究[J]. 中国环境科学, 32(4): 653-658.

王红斌, 杨敏, 唐光阳, 等, 2004. 聚合氯化铝的混凝除磷性能研究[J]. 化学世界, 45(1): 7-10.

王俊岭, 吴俊奇, 龙莹洁, 等, 2007. 活性氧化铝和其他滤料除微量磷效果比较[J]. 环境工程学报, 1(10): 18-21.

王玲, 2021. 葫芦口水库水体富营养化成因分析与防治措施[J]. 中国资源综合利用, 39(9): 197-200.

王敏, 张晖, 曾慧娴, 等, 2022. 水体富营养化成因·现状及修复技术研究进展[J]. 安徽农业科学, 50(6): 1-6, 11.

王挺, 王三反, 陈霞, 2009. 活性氧化铝除磷吸附作用的研究[J]. 水处理技术, 35(3): 35-38.

王志韩, 宋浩然, 李朝林, 等, 2015. PTFE/C 三相电极氧阴极还原法生产过氧化氢[J]. 环境工程学报, 9(2): 787-794.

吴芳, 王晟, 2010. 富营养化湖泊原位生物治理技术研究进展[J]. 环境科学导刊, 29(1): 49-52.

邢坤, 王海增, 2013. 改性与成型层状氢氧化镁铝对不同水体中 PO_4^{3-} 的脱除性能[J]. 环境科学, 34(4): 1611-1616.

徐秀玲, 陆欣欣, 雷先德, 等, 2012. 不同水生植物对富营养化水体中氮磷去除效果的比较[J]. 上海交通大学学报(农业科学版), 30(1): 8-14.

徐续, 操家顺, 2006. 河道曝气技术在苏州地区河流污染治理中的应用[J]. 水资源保护, 22(1): 30-33.

闫海啸, 2010. 污水的微生物除磷技术的研究[J]. 环境与发展, 22(1): 69-71.

杨继臻, 陈水平, 夏世斌, 等, 2010. 钢渣去除高含磷选矿废水中磷的研究[J]. 给水排水, 46(7): 153-157.

杨文进, 雷培树, 王早文, 2012. 供水水源水华爆发时的应急除藻措施[J]. 净水技术, 31(6): 1-3.

叶爱英, 徐景峰, 2013. 粉煤灰的改性、成型及深度除磷应用[J]. 化工环保, 33(1): 84-86.

叶欣, 易春龙, 李泰来, 等, 2021. 水环境微生物制剂的应用研究现状[J]. 四川环境. 40(6): 240-245.

易蔓, 李婷婷, 李海红, 等, 2019. Ca/Mg 负载改性沼渣生物炭对水中磷的吸附特性[J]. 环境科学, 40(3): 1318-1327.

于化江, 2016. TiO$_2$ 光催化氧化技术除藻研究进展[J]. 自然科学(文摘版), 1: 212.

余子锐, 沈明, 邹慧仙, 2003. 活性碳纤维去除水体中微污染物的研究[J]. 重庆环境科学, 25(5): 24-30.

曾次元, 李亮, 赵心越, 等, 2006. 电化学氧化法除氨氮的影响因素[J]. 复旦学报(自然科学版), 3: 348-352.

张敏, 黎云祥, 2011. 曝气生物滤池工艺去除氨氮影响因素分析[J]. 甘肃科技, 27(6): 73-75.

张孝进, 戴正为, 戴煜, 等, 2021. 可同时控藻和除藻毒素的方法研究进展[J]. 生态环境学报, 30(7): 1549-1554.

张忠祥, 宋浩然, 张伟, 等, 2019. 高铁酸钾预氧化强化混凝除藻效能及机理研究[J]. 中国给水排水, 35(15): 31-36.

赵爽, 杨硕, 2009. 除藻技术及藻类的资源化研究[J]. 市政技术, 27(1): 53-56, 60.

郑涵, 姜萍萍, 2013. 微污染水源水中氨氮去除研究[J]. 城镇供水, 1: 18-21.

郑晓青, 韦安磊, 张一璇, 等, 2018. 铁锰氧化物/生物炭复合材料对水中硝酸根的吸附特性[J]. 环境科学, 39(3): 1220-1232.

中华人民共和国建设部, 2005. 城市供水水质标准: CJ/T 206—2005[S]. 北京: 中华人民共和国建设部.

中华人民共和国生态环境部, 2020. 2020 中国生态环境状况公报[EB/OL]. (2021-5-28)[2022-6-1]. https://skxyjy.hhu.edu.cn/_upload/article/files/63/a5/093a76654b7985e5016405fda391/3c799e89-7a5f-4af9-bf81-420d894fcd95.pdf.

中华人民共和国卫生部, 中国国家标准化管理委员会, 2006. 生活饮用水卫生标准:GB 5749—2006[S]. 北京: 中国标准出版社.

卓燕, 苏宏智, 秦良, 等, 2010. 水生植物应用于富营养化控制的研究趋向[J]. 污染防治技术, 23(2): 52-53.

ACERO J L, RODRIGUEZ E, MERILUOTO J, 2005. Kinetics of reactions between chlorine and the cyanobacterial toxins microcystins[J]. Water research, 39(8): 1628-1638.

ALFAFARA C G, NAKANO K, NOMURA N, et al., 2002. Operating and scale-up factors for the electrolytic removal of algae from eutrophied lake water[J]. Journal of chemical technology & biotechnology, 77(8): 871-876.

ALUM A, RASHID A, MOBASHER B, et al., 2008. Cement-based biocide coatings for controlling algal growth in water distribution canals[J]. Cement & concrete composites, 30: 839-847.

BOUAICHA N, MILES C O, BEACH D G, et al., 2019. Structural diversity, characterization and toxicology of microcystins[J]. Toxins, 11(12): 714.

BURATTI F M, MANGANELLI M, VICHI S, et al., 2017. Cyanotoxins: Producing organisms, occurrence, toxicity, mechanism of action and human health toxicological risk evaluation[J]. Archives of toxicology, 91: 1049-1130.

CHEN J, LU S, LIAO Z, et al., 2012. Effect of mechanical aeration on nitrogen and microbial activity in sediment-water interface from urban lake[J]. Applied mechanics & materials, 260-261(12): 770-775.

CHEN C, YANG Z, KONG F, et al., 2016. Growth, physiochemical and antioxidant responses of overwintering benthic cyanobacteria to hydrogen peroxide[J]. Environmental pollution, 219(12): 649-655.

CHEN Z, DONG H, YU H, et al., 2017. In-situ electrochemical flue gas desulfurization via carbon black-based gas diffusion electrodes: Performance, kinetics and mechanism[J]. Chemical engineering journal, 307: 553-561.

CHIAYVAREESAJJA S, BOYD C E, 1993. Effects of zeolite, formalin, bacterial augmentation, and aeration on total ammonia nitrogen concentrations[J]. Aquaculture, 116(1): 33-45.

DITTMEYER R, GRUNWALDT J D, PASHKOVA A, 2015. A review of catalyst performance and novel reaction engineering concepts in direct synthesis of hydrogen peroxide[J]. Catalysis today, 248: 149-159.

ESMAEILI J, ASLANI H, ONUAGULUCHI O, 2020. Reuse potentials of copper mine tailings in mortar and concrete composites[J]. Journal of materials in civil engineering, 32(5): 1-12.

FDZ-POLANCO F, VILLAVERDE S, GARCIA P A, 1994. Temperature effect on nitrifying bacteria activity in biofilters: Activation and free ammonia inhibition[J]. Water science and technology, 30(11): 121-130.

GENZ A, KORNMÜLLER A, JEKEL M, 2004. Advanced phosphorus removal from membrane filtrates by adsorption on activated aluminium oxide and granulated ferric hydroxide[J]. Water research, 38(16): 3523-3530.

GERENTE C, LEE V K C, CLOIREC P L, et al., 2007. Application of chitosan for the removal of metals from wastewaters by adsorption mechanisms and models review[J]. Critical reviews in environmental science and technology, 37(1): 41-127.

GORDON C, MENSAH A, 2016. A snapshot of the world's water quality: Towards a global assessment[M]. Nairobi: United Nations Environment Programme.

GOSCIANSKA J, PTASZKOWSKA-KONIARZ M, FRANKOWSKI M, et al., 2018. Removal of phosphate from water by lanthanum-modified zeolites obtained from fly ash[J]. Journal of colloid and interface science, 513: 72-81.

GROSS A, BOYD C E, WOOD C W, 1999. Ammonia volatilization from freshwater fish ponds[J]. Journal of environmental quality, 28(3): 793-797.

GUO L, 2007. Doing battle with the green monster of Taihu lake[J]. Science, 317(5842): 1166.

GUPTA S S, BHATTACHARYYA K G, 2011. Kinetics of adsorption of metal ions on inorganic materials: A review[J]. Advances in colloid and interface science. 162(1/2): 39-58.

HOU J, HUANG L, YANG Z, et al., 2016. Adsorption of ammonium on biochar prepared from giant reed[J]. Environmental science and pollution research, 23(19): 19107-19115.

HUANG W, LI D, LIU Z, et al., 2014. Kinetics, isotherm, thermodynamic, and adsorption mechanism studies of $La(OH)_3$-modified exfoliated vermiculites as highly efficient phosphate adsorbents[J]. Chemical engineering journal, 236(1): 191-201.

INOUE N, TAIRA Y, EMI T, et al., 2001. Acclimation to the growth temperature and the high-temperature effects on photosystem II and plasma membranes in a mesophilic cyanobacterium, synechocystis sp. PCC6803[J]. Plant &cell physiology, 42(10): 1140-1148.

JEPPESEN E, LAURIDSEN T L, MITCHELL S F, et al., 2000. Trophic structure in the pelagial of 25 shallow New Zealand lakes: Changes along nutrient and fish gradients[J]. Journal of plankton research, 22(5): 951-968.

JIANG Y, LI A, DENG H, et al., 2019. Characteristics of nitrogen and phosphorus adsorption by Mg-loaded biochar from different feedstocks[J]. Bioresource technology, 276: 183-189.

JOSÉE N B, ROY S, CAMPBELL D A, 2010. UVB effects on the photosystem II-D1 protein of phytoplankton and natural phytoplankton communities[J]. Photochemistry and photobiology, 82(4): 936-951.

JUN H J, MIN J O, KWANG C R, 2021. Correlation between lithium-ion accessibility to the electrolyte-active material interface and low-temperature electrochemical performance[J]. Journal of alloys and compounds, 856: 158233.

LI D, KANG X, CHU L, et al., 2021. Algicidal mechanism of *Raoultellaornithinolytica* against *Microcystis aeruginosa*: Antioxidant response, photosynthetic system damage and microcystin degradation[J]. Environmental pollution, 287: 1-13.

LIN L, MENG X, LI Q, et al., 2018. Electrochemical oxidation of *Microcystis aeruginosa* using a Ti/RuO$_2$ anode: Contributions of electrochemically generated chlorines and hydrogen peroxide[J]. Environmental science and pollution research, 25: 27924-27934.

LITTI Y V, NEKRASOVA V K, KULIKOV N I, et al., 2013. Detection of anaerobic processes and microorganisms in immobilized activated sludge of a wastewater treatment plant with intense aeration[J]. Microbiology, 82(6): 690-697.

LIU X, XIE D, LI K, et al., 2011. Research on the impact mechanism of different aeration level on biogeochemical cycling of nitrogen in sediments[J]. Ecology & environmental sciences, 20(11): 1713-1719.

LIU B, WANG W, LING F, et al., 2012. Characterization of ammonia volatilization from polluted river under aeration conditons: A simulation study[J]. Acta ecologicasinica, 32(23): 7270-7279.

LU X, HUANG M, 2010. Nitrogen and phosphorus removal and physiological response in aquatic plants under aeration conditions[J]. International journal of environmental science & technology, 7(4): 665-674.

LU Y, LIU G, LUO H, et al., 2017. Efficient in-situ production of hydrogen peroxide using a novel stacked electrosynthesis reactor[J]. Electrochimica acta, 248:29-36.

MA M, LIU R, LIU H, et al., 2012. Effects and mechanisms of pre-chlorination on *Microcystis aeruginosa* removal by alum coagulation: Significance of the released intracellular organic matter[J]. Separation and purification technology, 86: 19-25.

MASSEY I Y, YANG F, DING Z, et al., 2018. Exposure routes and health effects of microcystins on animals and humans: A mini-review[J]. Toxicon, 151: 156-162.

MINTA D, GONZÁLEZ Z, MELENDI-ESPINA S, et al., 2022. Highly efficient and stable PANI/TRGO nanocomposites as active materials for electrochemical detection of dopamine[J]. Surfaces and interfaces, 28: 101606.

ONYANGO M S, KOJIMA Y, MATSUDA H, 2004. Equilibrium and kinetic modeling of fluoride sorption onto aluminum and lanthanum-loaded zeolite[J]. APCCHE, 12(50): 994-1003.

PAN M, ZHAO J, ZHEN S, et al., 2016. Effects of the combination of aeration and biofilm technology on transformation of nitrogen in black-odor river[J]. Water science & technology, 74(3): 655-662.

PEREZ J F, GALIA A, RODRIGO M A, 2017. Effect of pressure on the electrochemical generation of hydrogen peroxide in undivided cells on carbon felt electrodes[J]. Electrochimica acta, 248:169-177.

PERSSON L, DIEHL S, JOHANSSON L, et al., 1991. Shifts in fish communities along the productivity gradient of temperate lakes-patterns and the importance of size-structured interactions[J]. Journal of fish biology, 38(2): 281-293.

QIN B, LI W, ZHU G, et al., 2015. Cyanobacterial bloom management through integrated monitoring and forecasting in large shallow eutrophic Lake Taihu (China) [J]. Journal of hazardous materials, 287(28): 356-363.

RAHIMI S, MOATTARI R M, RAJABI L, et al., 2015. Iron oxide/hydroxide (α, γ-FeOOH) nanoparticles as high potential adsorbents for lead removal from polluted aquatic media[J]. Journal of industrial and engineering chemistry, 23: 33-43.

READ P, FERNANDES T, 2003. Management of environmental impacts of marine aquaculture in Europe[J]. Aquaculture, 226: 139-163.

RECHOTNEK F, FOLLMANN H D M, SILVA R, 2021. Mesoporous silica decorated with L-cysteine as active hybrid materials for electrochemical sensing of heavy metals[J]. Journal of environmental chemical engineering, 9(6): 106492.

SAMUILOV V D, TIMOFEEV K N, SINITSYN S V, et al., 2004. H_2O_2-induced inhibition of photosynthetic O_2 evolution by anabaena variabilis cells[J]. Biochemistry (Moscow), 69(8): 926-933.

SCHÜTH F, PALKOVITS R, SCHLÖL R, et al., 2012. Ammonia as a possible element in an energy infrastructure: Catalysts for ammonia decomposition[J]. Energy & environmental science, 5(4): 6278-6289.

SELLERS R M, 1980. Spectrophotometric determination of hydrogen peroxide using potassium titanium(IV) oxalate[J]. Analyst, 105: 950-954.

SHAHEEN S M, NIAZI N K, HASSAN N E E, et al.,2019. Wood-based biochar for the removal of potentially toxic elements in water and wastewater: A critical review[J]. International materials reviews, 64(4): 216-247.

SHEN Q, ZHU J, CHENG L, et al., 2011. Enhanced algae removal by drinking water treatment of chlorination coupled with coagulation [J]. Desalination, 271: 236-240.

SINGH D V, SINGH R P, 2022. Algal consortia based metal detoxification of municipal wastewater: Implication on photosynthetic performance, lipid production, and defense responses[J]. Science of the total environment, 814: 151928.

SUN H, LIU C, GAO X, et al., 2010. Oxygen reduction in PEM fuel cell based on molecular simulation[J]. Advanced materials research, 156/157: 432-438.

TIAN J, OLAJUYIN A M, MU T, et al., 2016. Efficient degradation of rhodamine B using modified graphite felt gas diffusion electrode by electro-Fenton process[J]. Environmental science and pollution research, 23(12): 11574-11583.

TRIPATHY S S, RAICHUR A M, 2008. Abatement of fluoride from water using manganese dioxide-coated activated alumina[J]. Journal of hazardous materials, 153: 1043-1051.

USEPA, 2016. National lakes assessment 2012: A collaborative survey of lakes in the United States[R]. Washington District of Columbia: United States environmental protection agency.

WAN S, WANG S, LI Y, et al., 2017. Functionalizing biochar with Mg-Al and Mg-Fe layered double hydroxides for removal of phosphate from aqueous solutions[J]. Journal of industrial and engineering chemistry, 47: 246-253.

WANG S, PENG Y, 2010. Natural zeolites as effective adsorbents in water and waste treatment[J]. Chemical engineering journal, 156(1): 11-24.

WANG T, WANG S, CHEN X, 2009. Study on phosphorus removal by adsorption on active alumina[J]. Technology of water treatment, 35(3): 35-38.

WANG X, LIU Z, LIU J, et al., 2015. Removing phosphorus from aqueous solutions using Lanthanum modified pine needles[J]. Plos one. 10(12): 1-16.

WILSON A E, SARNELLE O, TILLMANNS A R, 2006. Effects of cyanobacterial toxicity and morphology on the pollution growth of fresh water zooplankton: Meta-analyses of laboratory experiments[J]. Limnology oceanography, 51(4): 1915-1924.

XU Y, YANG J, OU M, et al., 2007. Study of microcystis aeruginosa inhibition by electrochemical method[J]. Biochemical engineering journal, 36(3): 215-220.

YAMASAKI T, YAMAKAWA T, YAMANE Y, et al., 2002. Temperature acclimation of photosynthesis and related changes in photosystem II electron transport in winter wheat[J]. Plant physiology, 128: 1087-1097.

YANG J, YUAN P, CHEN H, et al., 2012. Rationally designed functional macroporous materials as new adsorbents for efficient phosphorus removal[J]. Journal of materials chemistry, 22(19): 9983-9990.

YE H, CHEN F, SHENG Y, et al., 2006. Adsorption of phosphate from aqueous solution onto modified palygorskites[J]. Separation & purification technology, 5(3): 283-290.

YI M, CHEN Y, 2018. Enhanced phosphate adsorption on Ca-Mg-loaded biochar derived from tobacco stems[J]. Water science and technology, 78(11): 2427-2436.

YIN Q, WANG R, ZHAO Z, 2018. Application of MgAl-modified biochar for simultaneous removal of ammonium, nitrate, and phosphate from eutrophic water[J]. Journal of cleaner production, 176: 230-240.

YONG JAE KIM Y J, YUN J, KIM S I, et al., 2018. Scalable long-term extraction of photosynthetic electrons by simple sandwiching of nanoelectrode array with densely-packed algal cell film[J]. Biosensors and bioelectronics, 117: 15-22.

YU X, ZHOU M, REN G, et al., 2015. A novel dual gas diffusion electrodes system for efficient hydrogen peroxide generation used in electro-Fenton[J]. Chemical engineering journal, 263: 92-100.

ZHAO H, STANFORTH R, 2001. Competitive adsorption of phosphate and arsenate on goethite[J]. Environmental science & technology, 35(24): 4753-4757.

ZHENG N, WEN Y, LI J, et al., 2009. The mechanism of bio-regeneration process of natural zeolite[J]. China environmental science, 29(5): 506-511.

ZHONG Z, YU G, MO W, et al., 2019. Enhanced phosphate sequestration by Fe(III) modified biochar derived from coconut shell[J]. RSC advances, 9(18): 10425-10436.

ZHOU R, WANG Y, ZHANG M, et al., 2019a. Adsorptive removal of phosphate from aqueous solutions by thermally modified copper tailings[J]. Environmental monitoring & assessment, 191(4): 198-207.

ZHOU W, MENG X, DING Y, et al., 2019b. "Self-cleaning" electrochemical regeneration of dye-loaded activated carbon[J]. Electrochemistry communications, 3(100): 85-89.